松辽流域水资源战略配置格局与实施路径研究

李光华　谢新民　尹雄锐　贺华翔　王晓妮　游进军　胡春媛　著

中国水利水电出版社
www.waterpub.com.cn
·北京·

内 容 提 要

本书是在松辽流域水资源战略配置格局研究课题等成果的基础上撰写而成的，主要内容包括水资源战略配置需求与总体目标、水资源禀赋条件及开发利用情势、水资源刚性约束指标体系与管控策略、生态保护与高质量发展用水需求分析、水资源供给侧优化调整与可供水量分析、水资源配置模型与供需平衡分析、水资源战略配置格局与适应性分析、水资源战略配置实施路径与保障措施、结论与建议等，反映了当前我国流域水资源战略配置研究的前沿动态和最新成果。

本书可供水利（水务）、城建、环境、国土资源、规划设计与科研等部门的科技工作者、规划管理人员，以及大专院校有关专业师生参考。

图书在版编目（CIP）数据

松辽流域水资源战略配置格局与实施路径研究 / 李光华等著. -- 北京：中国水利水电出版社，2023.12
ISBN 978-7-5226-2050-3

Ⅰ. ①松… Ⅱ. ①李… Ⅲ. ①松花江－流域－水资源管理－研究 Ⅳ. ①TV213.2

中国国家版本馆CIP数据核字(2023)第240841号

审图号：GS京（2023）2397号

书　　名	松辽流域水资源战略配置格局与实施路径研究 SONG - LIAO LIUYU SHUIZIYUAN ZHANLÜE PEIZHI GEJU YU SHISHI LUJING YANJIU
作　　者	李光华　谢新民　尹雄锐　贺华翔　王晓妮　游进军　胡春媛　著
出版发行	中国水利水电出版社 （北京市海淀区玉渊潭南路 1 号 D 座　100038） 网址：www.waterpub.com.cn E - mail：sales@mwr.gov.cn 电话：(010) 68545888（营销中心）
经　　售	北京科水图书销售有限公司 电话：(010) 68545874、63202643 全国各地新华书店和相关出版物销售网点
排　　版	中国水利水电出版社微机排版中心
印　　刷	北京印匠彩色印刷有限公司
规　　格	184mm×260mm　16 开本　10.75 印张　289 千字　2 插页
版　　次	2023 年 12 月第 1 版　2023 年 12 月第 1 次印刷
定　　价	72.00 元

凡购买我社图书，如有缺页、倒页、脱页的，本社营销中心负责调换

党的十八大以来，党中央高度重视国家水安全工作。习近平总书记对保障国家水安全作出一系列重要论述和重要指示批示，提出"节水优先、空间均衡、系统治理、两手发力"治水思路[1]；在黄河流域生态保护和高质量发展座谈会上提出"共同抓好大保护，协同推进大治理""让黄河成为造福人民的幸福河"和"要坚持以水定城、以水定地、以水定人、以水定产，把水资源作为最大的刚性约束"[2]；在南水北调后续工程高质量发展座谈会上强调，加快构建水网，"十四五"时期以全面提升水安全保障能力为目标，以优化水资源配置体系、完善流域防洪减灾体系为重点，统筹存量与增量，加强互联互通，加快构建国家水网主骨架和大动脉，为全面建设社会主义现代化国家提供有利的水安全保障[3]。为系统解决我国新老水问题、全面提升国家水安全保障能力、全面建成社会主义现代化强国和人水和谐的生态文明社会指明方向。

为全面落实新时代新发展理念和国家治水思路，水利部提出"十四五"及未来一段时期水安全保障工作要紧扣治水主要矛盾变化，把水安全风险防控作为底线，把水资源承载力作为刚性约束上限，把水生态保护作为控制红线，补齐水利基础设施网络短板，强化涉水事务监管能力，推进水利治理体系和治理能力现代化。为科学应对和化解新时代我国水治理面临的诸多问题、矛盾和挑战，2019年7月水利部下发《水利部办公厅关于加强水利重大科技问题研究工作的通知》（办国科〔2019〕253号）。水利部水利重大科技问题研究项目部署会指出，做好水利重大科技问题研究，关系水治理体系和治理能力现代化的实现，关系新老水问题的解决，关系水安全保障的战略大局，直接影响新时代水利工作的前进步伐。

水利部松辽水利委员会（简称松辽委）为提升松辽流域水管理能力和水安全保障能力，加快构建以国内大循环为主体、国内国际双循环相互促进的

---

[1] 水利部编写组. 深入学习贯彻习近平关于治水的重要论述. 人民出版社，2023.
[2] 习近平. 在黄河流域生态保护和高质量发展座谈会上的讲话. 中国政府网，2019－10－15.
[3] 习近平主持召开推进南水北调后续工程高质量发展座谈会并发表重要讲话. 中国政府网，2021－05－14.

新发展格局，满足人民日益增长的美好生活需要，推动新阶段水利高质量发展，于 2020 年 2 月决定正式启动"松辽流域水治理战略研究"项目。同年 4 月中旬，中国水利水电科学研究院（简称中国水科院）联合有关单位提出《松辽流域水治理重大科技问题研究项目实施方案》；同年 6 月初，松辽委规研中心与中国水科院等联合提出《松辽流域水资源战略配置格局研究课题工作大纲》；同年 8 月 18 日，松辽委联合中国水科院组织召开松辽流域水治理战略研究项目课题工作大纲技术咨询会；同年 9 月 28 日，松辽流域水资源战略配置格局研究课题组在北京召开研讨会，进一步统一思想和明确工作内容、目标、重点和难点、分工及后续配合等事宜；同年 11 月 23 日，中国水科院组织召开各课题工作进展汇报会，讨论各课题之间如何协作和协调等问题；2021 年 3 月 31 日，松辽委联合中国水科院组织召开松辽流域水治理战略研究项目课题进展研讨会；同年 6 月初和 7 月末，松辽流域水资源战略配置格局研究课题组在长春召开两次研讨会，详细讨论课题各部分、各章节如何协调、如何突出亮点和特色，如何高质量完成课题预定任务等；同年 8 月 1 日，松辽委联合中国水科院组织召开松辽流域水治理战略研究课题成果专家咨询视频会议，与会专家对各课题成果进行质询讨论并提出有关意见或建议；同年 11 月 29 日，松辽委联合中国水科院在长春/北京两地以视频连线形式组织召开松辽流域水治理战略研究项目成果审查视频会议，与会专家对项目成果给予充分肯定，对进一步凝练提升报告质量提出建议。会后，项目组立即组织各课题研讨、沟通和进一步统一思想，按照专家意见进一步修改和完善，确保项目及各课题成果既有超前性、前瞻性和战略性，又具有实用价值和可操作性，符合松辽流域客观实际，引导未来发展及指明今后努力方向，真正为松辽流域面向国家战略和流域管理、科研及生产实践等"四个面向"的需求提供依据。

本书是在松辽流域水资源战略配置格局研究课题等成果的基础上撰写而成的。新中国成立后，党和国家领导人对我国水利事业高度重视，松辽流域兴建了大量水利工程，对保证农业持续稳定增产，保障东北老工业基地及城镇生活供水、解决边远山区与牧区居民和牲畜饮水困难，以及保护生态环境等方面做出了重要贡献。经过几代人的艰苦努力和拼搏，松辽流域"北水南调、东水西引"的水资源配置格局雏形已基本形成。但随着东北老工业基地振兴、新型城镇化快速推进和国家商品粮基地、畜牧业基地和国家生态安全屏障建设，以及全球气候变化、热岛效应和极端天气事件加剧等，松辽流域水资源短缺、水生态损害、水污染严重等新老问题相互交织在一起，对水资源安全保障提出了更高的要求，生态保护和高质量发展之间竞争性用水矛盾日益突出，松辽流域水资源开发利用不平衡不充分问题日趋严峻，集中表现在：水资源流域/地区分布不均，水资源分布与土地资源、生产力布局不匹配；水资源开发利用不平衡问题日趋严峻、开发过度与不足并存，水资源空间均衡配置亟待进一步优化和调整；不合理的经济社会活动及水土资源过度开发对生态环境已造成严重的影响，地下水超采与河湖萎缩及生态恶化等问题日益突出；气候变化与人类活动造成的水资源系统风险和不确定性增加，全流域水资源安全保障形势虽局部好转，但总体仍不容乐观。有鉴于此，以松辽流域水资源战略配置格局研究课题等成果为基础，课题组发扬"创新、求实、敬业、奉献"的精神，秉承"认真负责、一丝不苟、精益求精"的态度，不辞辛苦，精心组织撰写了松辽流域水资源战略配置研究方面的第一部专著。本书籍凝聚了几代水利人的心血、汗水、聪明才智，是开启我国第二个百年奋斗目标新征程中集体智慧的结晶。期望本书的出版，能够推动和促进我国新时代流域水资源管理能力与管理水平持续提高，为松辽流域水资源安全保障能力建设与全面提升等提供理念借鉴、决策支持和理论支撑。

本书由松辽水利委员会流域规划与政策研究中心、中国水利水电科学研究院等单位专家撰写完成。第一章由李光华、谢新民、王晓妮、贺华翔等执笔，第二章由尹雄锐、胡春媛、方书义、崔新颖、李孟南、吴博、张森等执笔，第三章由贺华翔、安强、申晓晶、李光华、吴旭、王晓妮、李孟南、崔新颖、肖平、陈贺、谢纪强等执笔，第四章由王晓妮、胡春媛、李航、侯倩文、尹雄锐、申晓晶、贺华翔、谢纪强、陈贺等执笔，第五章由胡春媛、方书义、吴博、张森、崔新颖、王志璋、安强等执笔，第六章由吴旭、贺华翔、游进军、李光华、王志璋、王晓妮、胡春媛、方书义、安强、李航、侯倩文、谢新民、陈贺、肖平等执笔，第七章由李光华、谢新民、尹雄锐、游进军、李孟南、崔新颖、谢纪强、肖平等执笔，第八章由游进军、贺华翔、吴旭、申晓晶、李光华、尹雄锐、王晓妮、胡春媛、方书义等执笔，第九章由谢新民、李光华、贺华翔、王晓妮、游进军、尹雄锐等执笔。全书由李光华、谢新民、尹雄锐、贺华翔、王晓妮、胡春媛、方书义统稿。

在课题完成及本书撰写过程中，得到了水利部松辽水利委员会和中国水利水电科学研究院等单位领导及有关专家的大力支持与无私帮助。在本书正式出版之际，特向支持和帮助过本书撰写出版工作的有关单位领导及专家表示衷心的感谢！

受时间和作者水平所限，书中错误和不足之处在所难免，恳请读者批评指正！

作者

2023 年 10 月

目录

第一章 水资源战略配置需求与总体目标

第一节 自 然 概 况

一、自然地理

松辽流域位于我国东北部，其地理位置为东经 115°32′至 135°06′、北纬 38°43′至 53°34′；其西北部邻接蒙古国及我国内蒙古自治区锡林郭勒盟，西南部与河北毗连，北部和东北部以额尔古纳河、黑龙江干流和乌苏里江与俄罗斯分界，东部隔图们江、鸭绿江与朝鲜相望，南濒渤海和黄海。松辽流域总面积 124.9 万 km²，包括黑龙江省、吉林省、辽宁省和内蒙古自治区东部三市（赤峰市、通辽市和呼伦贝尔市）一盟（兴安盟）及河北省承德市部分地区，其地理位置见图 1-1。

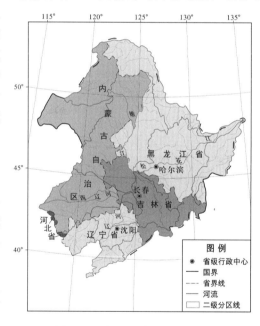

图 1-1 松辽流域地理位置图

（一）地形、地貌

松辽流域地貌特征是西、北、东三面环山，南濒渤海和黄海，中、南部为宽阔的松嫩平原、辽河平原，东北部为三江平原，东部为长白山系，西南部为燕山山脉七老图山和努鲁儿虎山，西北和东北部为大小兴安岭山脉，中部为松花江和辽河分水岭的低丘岗地。松辽流域总面积为 124.9 万 km²，占我国陆地总面积的 13%；流域中山地、丘陵和平原面积分别为 54.1 万 km²、32.6 万 km²、38.2 万 km²，分别占流域总面积的 43.3%、26.1% 和 30.6%。具体地形地貌情况，见图 1-2。

（二）气候特征

松辽流域属于温带大陆性季风气候区，冬季严寒，夏季温热，年平均气温为 -4～10℃，由西北部向东南部递增，大部分地区为 2～6℃。年最高气温在 7 月，南北相差不大，极端最高气温为 45℃；年最低气温在 1 月，南北相差较大，南部为 -4℃，北部为 -30℃，极端最低气温为 -52.3℃，在黑龙江最北部的漠河。

松辽流域高于 10℃ 的天数，在 130 天以上。日照时数南北差别不大，但东西两侧有差异，东部阴雨天较多，日照时数为 2200～2400h；西部晴天较多，日照时数为 2600～

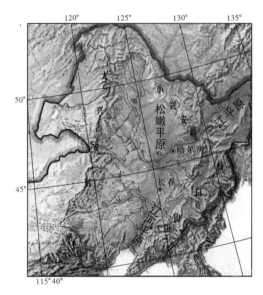

图 1-2 松辽流域地形地貌
情况示意图

3300h。无霜期北部比较短，一般为 120～140 天，最短的只有 90 天；南部为 140～160 天，大连市最长达 213 天。

松辽流域年降水量及其季节分配，主要受季风环流、水汽来源及地形等因素控制。多年平均降水量为 300～1000mm，在地区分布上差别较大，东部较多，西部较少，由东向西递减。辽东地区年降水量高达 1000mm 以上，属湿润地区；西北部的内蒙古草原则为 300mm，为干旱地带。降水年际变化 C_v 值为 0.15～0.3，降水年内分配不均，6—9 月降水量占全年的 70%～85%。

流域水面蒸发量（E601 型蒸发皿）为 500～1200mm，由西南向东北呈递减状态。西辽河上游老哈河等地，最高达到 1200mm 以上，中部松辽平原地区，水面蒸发量为 800～1000mm，东部山区在 800mm 以下。干湿分布：东部山区多为湿润区，丘陵多为半湿润区，平原多为半干旱区，西部为干旱区。

二、河流水系

松辽流域主要河流有额尔古纳河、黑龙江、松花江、辽河、乌苏里江、绥芬河、图们江、鸭绿江以及独流入海河流等。

额尔古纳河是黑龙江的南源，发源于我国境内的吉鲁契那山北麓，向西经乌尔其汗镇、牙克石、海拉尔至阿巴盖堆以下称额尔古纳河，河流折向东北到大司洛夫卡河口与黑龙江北源石勒喀河汇合后称黑龙江。额尔古纳河全长 1608km，其中中俄界河长 920km。额尔古纳河在我国境内的流域面积为 15.77 万 km²。额尔古纳河上游为开阔的大丘陵地区，中下游为山丘地形。额尔古纳河中国一侧支流海拉尔河流经较大的城市海拉尔。

黑龙江是世界著名的大河之一，发源于石勒喀河与额尔古纳河，在洛古村两河汇合口以下称黑龙江。黑龙江横跨中国、俄罗斯、蒙古国三国，黑龙江干流全长 2821km，干流基本分为三段：上游从洛古村至黑河市（结雅河口）长 905km；中游从黑河市至乌苏里江口（伯力）长 982km，为中俄两国界河；下游从乌苏里江口至黑龙江入海口长 934km，在俄罗斯境内。

松花江是中国七大江河之一，流域面积为 56.12 万 km²，流经黑龙江、内蒙古、吉林、辽宁四省（自治区）。松花江有南北两源：北源为嫩江，发源于大兴安岭伊勒呼里山，河道全长 1370km，流域面积为 29.85 万 km²；南源为松花江南源，发源于长白山脉主峰，河道长 958km，流域面积为 7.34 万 km²。松花江干流长 939km，流域面积为 18.93 万 km²。

嫩江在嫩江市以上属山区，山高林密，植被好，森林多，是我国著名的大兴安岭林区，当地居民较少；由嫩江市到内蒙古的莫力达瓦达斡尔族自治旗，地形逐渐由山区过渡到丘陵地带，嫩江右岸的各支流发源地，大部分为山区林区，暴雨集中，雨量较丰沛；齐齐哈尔以下，嫩江逐渐进入平原区，向南直至松花江干流，形成广阔的松嫩平原区。

松花江南源整个地形是东南高、西北低，形成一个长条形倾斜面，东南部是高山区和半山区，植被良好。森林覆盖面积较大，水源涵养也好，是我国著名的长白山林区。松花江南源与嫩江汇合后即为松花江干流，自西南流向东北，注入黑龙江。

辽河发源于河北省承德地区七老图山脉的光头山，流经河北、内蒙古、吉林和辽宁四省（自治区），在辽宁省盘锦市注入渤海，全长1345km，流域面积为22.1万km^2。辽河流域由两个独立的水系组成：其一为东、西辽河于福德店汇合后为辽河干流，经盘锦市由双台子河入海；其二为浑河、太子河水系，两河在三岔河附近合流后，经大辽河于营口入海。其主要支流有西拉木伦河、乌尔吉木仁河、老哈河、教来河、新开河、东辽河、清河、柳河、浑河、太子河和绕阳河等。

乌苏里江分东、西两源，东源在俄罗斯境内，西源出于中俄边界的兴凯湖的松阿察河，由南向北流，注入黑龙江。乌苏里江河道全长905km，流域面积为18.7万km^2。俄方境内面积为12.82万km^2，占总面积的68.6％；我国一侧面积为5.88万km^2，占总面积的31.4％。主要支流有穆棱河、挠力河和七虎林河等。

绥芬河由大、小绥芬河汇合而成，大绥芬河发源于吉林省境内长白山脉老爷岭，自南向北再向东流，长度为96km。小绥芬河发源于黑龙江省东宁市境内的太平岭，自北向南再向东流，长度为137km。大、小绥芬河流经黑龙江省的绥芬河市和东宁市，在东宁县道河镇汇合，流至俄罗斯境内的乌苏里斯克后曲折南下，在海参崴附近入日本海。绥芬河在我国境内东宁站以上长237km，东宁站集水面积为8254km^2。瑚布图河是绥芬河的一级支流，为中俄界河，在东宁水文站以下注入绥芬河。

图们江为中朝两国的界河，发源于长白山主峰之东麓，流向东北至密江折向东南，经珲春市防川以下土字牌出境，以下为朝俄界河，延流15km后注入日本海。河流全长513km（我国境内490km），集水面积3.32万km^2。

鸭绿江在吉林省东南部和辽宁省东部，是中朝两国界河，发源于长白山脉长白山南麓，自北向南流经长白镇后折转向西流，抵临江镇后转向西南，过云峰、渭源、水丰水电站后流经丹东市，最后注入黄海，总河长800km，流域面积为6.45万km^2（含朝鲜一侧跨流域引水面积5326km^2）。其中我国一侧面积为3.2万km^2。

第二节　经济社会情况

2016年松辽流域常住人口为1.21亿人，其中城镇人口为7356万人，城镇化率为60.81％；松辽流域GDP为5.99万亿元，其中工业增加值为2.13万亿元，人均GDP为4.96万元。松花江流域GDP占比较高，占松辽流域GDP总量的46.35％。松辽流域耕地面积为4.69亿亩[1]，主要分布在松嫩平原、三江平原地区、西辽河和辽河干流；总灌溉面积为1.88亿亩，其中耕地灌溉面积为1.79亿亩；鱼塘补水面积为227万亩。

2000—2016年松辽流域总人口由1.18亿人增至1.21亿人，城镇人口由5568万人增

---

[1]　1亩≈666.67m^2。

加至 7356 万人，城镇化率由 47.35% 提高至 60.81%；松辽流域 GDP 总体呈增长趋势，由 1.13 万亿元增至 5.99 万亿元，增长点主要在松花江流域，增加 2.25 万亿元，占松辽流域 GDP 增加总量的 46.3%；松辽流域灌溉面积总体呈增长趋势，有效灌溉面积由 0.94 亿亩增至 1.88 亿亩，增加 0.94 亿亩。具体变化情况，见表 1-1。

表 1-1　　　　　　　　松辽流域经济社会发展统计结果

分区		年份	人口/万人		GDP /亿元	工业增加值 /亿元	有效灌溉面积 /万亩	
			总人口	城镇人口			总面积	耕地面积
松花江区	嫩江	2000	1666	618	1579	898	1977	1886
		2010	1688	796	5821	3287	3742	3644
		2016	1654	834	7624	2966	4570	4503
	松花江南源	2000	1382	620	1606	439	746	746
		2010	1459	822	6111	2745	1046	1040
		2016	1479	873	9982	4123	1130	1109
	松花江干流	2000	2179	955	2087	685	1295	1179
		2010	2531	1324	6177	2053	3078	3049
		2016	2500	1392	10175	2692	4335	4331
	松花江界河*	2000	1049	664	777	213	1286	1236
		2010	803	605	2409	821	2639	2604
		2016	809	627	3697	1111	3369	3320
	小计	2000	6276	2857	6049	2235	5304	5047
		2010	6481	3547	20518	8906	10505	10337
		2016	6442	3726	31478	10892	13404	13263
辽河区	西辽河	2000	780	252	320	69	1577	1384
		2010	784	305	2179	1038	1957	1691
		2016	778	357	3650	1437	2337	2017
	东辽河	2000	256	89	103	22	177	177
		2010	234	102	680	241	196	193
		2016	230	104	1195	486	230	228
	辽河干流	2000	933	309	694	341	770	753
		2010	904	391	3386	1554	1112	921
		2016	883	437	3402	1340	1204	1062
	浑太河	2000	1422	1071	2119	986	642	639
		2010	1494	1172	8390	4305	606	579
		2016	1510	1235	8322	2827	535	490
	辽河界河*	2000	2091	990	2001	853	926	837
		2010	2250	1371	9666	4383	1071	880
		2016	2253	1497	11894	4270	1075	879
	小计	2000	5482	2711	5237	2271	4092	3790
		2010	5666	3341	24301	11521	4942	4264
		2016	5654	3630	28463	10360	5381	4676
合计		2000	11760	11758	5568	11286	4506	9396
		2010	12148	12147	6888	44819	20427	15447
		2016	12095	12096	7356	59941	21252	18785

续表

分区		年份	人口/万人		GDP/亿元	工业增加值/亿元	有效灌溉面积/万亩	
			总人口	城镇人口			总面积	耕地面积
省（自治区）	黑龙江省	2000	3714	1709	3797	1688	3012	2785
		2010	3833	2134	11176	4926	7414	7362
		2016	3799	2249	16065	4747	9854	9834
	吉林省	2000	2678	1157	2293	586	2127	2111
		2010	2747	1465	9481	4242	2708	2673
		2016	2732	1529	15312	6292	2911	2875
	辽宁省	2000	4151	2196	4662	2115	2251	2147
		2010	4351	2713	20617	9731	2705	2298
		2016	4355	2943	22397	7791	2710	2344
	内蒙古自治区	2000	1185	506	523	115	1984	1773
		2010	1183	573	3490	1508	2587	2235
		2016	1176	632	6060	2389	3287	2865
	河北省	2000	30	0	11	2	22	21
		2010	33	3	55	20	33	33
		2016	34	3	107	33	23	21

注　松花江界河包括额尔古纳河、黑龙江干流、乌苏里江、绥芬河、图们江，即扣除松花江流域之外的松江区部分流域；辽河界河包括东北沿黄渤海诸河、鸭绿江，即扣除辽河流域之外的辽河区部分流域；以下同。

第三节　国内外形势与战略需求

一、国内外形势

党的十九大报告明确提出全面建设社会主义现代化国家"两步走"战略安排，到2035年基本实现社会主义现代化，到21世纪中叶把我国建成富强民主文明和谐美丽的社会主义现代化强国。从国家水安全战略总体考虑，到2035年国家水安全保障能力显著增强，基本实现人民群众饮水放心、用水便捷、亲水宜居、洪旱无虞，建成与基本实现社会主义现代化国家相适应的水安全保障体系；到21世纪中叶国家水安全保障体系全面建成，为全面建成社会主义现代化强国提供有力支撑。

为确保全面建设社会主义现代化国家开好局、起好步，习近平总书记多次就水安全、粮食安全、生态安全、能源安全等作出重要指示和长远部署，提出"节水优先、空间均衡、系统治理、两手发力"治水思路，发出"让黄河成为造福人民的幸福河"的伟大号召，为解决好新时代水治理问题提供了科学指南和根本遵循①。在推进南水北调后续工程高质量发展座谈会时强调，要加快构建国家水网，"十四五"时期以全面提升水安全保障

---

　①　水利部编写组.深入学习贯彻习近平关于治水的重要论述.人民出版社，2023.

能力为目标，以优化水资源配置体系、完善流域防洪减灾体系为重点，统筹存量和增量，加强互联互通，加快构建国家水网主骨架和大动脉，为全面建设社会主义现代化国家提供有力的水安全保障①。从世界百年未有之大变局看，稳住农业基本盘、守好"三农"基础是应变局、开新局的"压舱石"。

《中共中央关于制定国民经济和社会发展第十四个五年规划和二〇三五年远景目标纲要》明确提出，要推动东北振兴取得新突破，从维护国家国防、粮食、生态、能源、产业安全的战略高度，打造辽宁沿海经济带，建设长吉图开发开放先导区，提升哈尔滨对俄合作开放能级。加快发展现代农业，打造保障国家粮食安全的"压舱石"。加大生态资源保护力度，筑牢国家东北边陲生态安全屏障。改造提升装备制造等传统优势产业，培育发展新兴产业，大力发展寒地冰雪、生态旅游等特色产业，打造具有国际影响力的冰雪旅游带，形成新的均衡发展产业结构和竞争优势。

国际形势日趋错综复杂、国内结构性、体制性矛盾凸显，立足国内复杂多变的严峻形势，党的二十大报告提出，高质量发展是全面建设社会主义现代化国家的首要任务。要加快构建以国内大循环为主体、国内国际双循环相互促进的新发展格局。要全方位夯实粮食安全根基，牢牢守住18亿亩耕地红线，确保中国人的饭碗牢牢端在自己手中。面对"百年未有之大变局"，如何保障国家粮食安全、能源安全和产业安全等显得更加敏感、更加突出和紧迫，事关国计民生和高质量发展的大事情。

二、面临的挑战

松辽流域地处我国东北边陲，战略区位优势极为重要和突出，是我国重要的工业基地和农牧业基地，维护国家粮食安全、生态安全、能源安全、产业安全等战略地位十分突出。流域内拥有全国最大的森林资源和最好的草地资源，是多处国际、国家重要湿地和湿地类型自然保护区所在地，是我国重要的冷水鱼分布区，也是国际候鸟南北迁徙的重要通道和栖息繁殖地。松辽流域横贯东北粮食主产区，不仅是北粮南运基地和维护国家粮食安全的"压舱石"，也是未来国家增加粮食产能的三大核心区之首，是国家实施振兴东北老工业基地战略的主战场。

松辽流域为新中国成立、建设和改革开放、全面建成小康社会及实现第一个百年奋斗目标等方面做出了不可磨灭的贡献。同时，因受限于当时严酷的历史条件和国家一贫如洗、百废待兴的严酷现实，以及当年科学认知的局限等，松辽流域在源源不断为国家"站起来、富起来、强起来"输送煤炭、石油、木材和粮食等战略物资支援全国各地发展的同时，日积月累了一些历史欠账，水资源新老问题交织和重叠累积效应依然突出。在迎接世界百年未有之大变局和国家开启第二个百年奋斗目标新征程中，松辽流域面临的水资源战略需求十分强劲，问题与挑战并存，主要表现以下几方面。

一是局部区域水资源供需矛盾突出。松辽流域水资源"北丰南歉，东多西少""边缘多，腹地少"的分布格局和"丰者更丰、歉者更歉"的演变态势，与经济社会发展不协调不匹配问题日趋严峻，"应建未建"的蓄引提调工程、"应开未开"和"应引未引、应用未用、应灌未灌"的灌溉面积/灌溉工程还有很多，城市群及老工业基地产业集群等供水水

---

① 习近平主持召开推进南水北调后续工程高质量发展座谈会并发表重要讲话. 中国政府网，2021-05-14.

源单一和多重安全保障体系尚不完善、历史欠账尚未还清，更加大了解决水资源优化配置与空间均衡问题的紧迫性及难度。

二是守住国家粮食安全"压舱石"的任务艰巨。松辽流域是世界三大主要黑土带之一，拥有性状好、肥力高、适宜农耕的优质耕地资源，在维护国家粮食安全和稳定我国在国际粮食贸易秩序中起到不可替代的突出作用。但松辽流域水土资源时空匹配性不够好，农业生产长期处于节水增效、扩面增产与生态环境协同保护之间竞争性用水矛盾之中，严重制约松辽流域粮食生产潜力，未来需要依靠提高水资源开发利用规模和节约集约利用效率、有序扩大农业种植面积，积极主动地协调和化解、平衡农业灌溉面积增加与河湖湿地生态保护之间的矛盾，尽最大努力确保和实现国家粮食安全与生态环境安全等双赢及多赢目标。

三是流域河湖湿地生态保护与治理任务艰巨。流域内天然湿地萎缩、侵占和退化问题突出，削弱了湿地、河流与沼泽之间的连通性，沼泽湿地洪水调蓄和生态维持功能大幅退化。河湖生态用水被挤占现象严重，河流断流与湖泊干涸现象时有发生，河湖生态廊道功能退化严重，河湖沼泽湿地水生生物多样性大幅降低。作为国家重要商品粮基地的三江平原水稻产区多以地下水灌溉为主，近些年来因水田面积急剧扩大而导致地下水过度开采，造成三江平原地下水位持续下降，导致河湖沼泽湿地萎缩甚至干涸，生态环境不断恶化。尤其是，地处西辽河的通辽和松嫩平原的白城、大庆、绥化等地区，目前已形成较大面积的地下水超采区，地下水埋深普遍超过 10m，地下水开采袭夺地表水，造成河川基流量严重衰减，引起了一系列的生态环境问题。

四是全球气候变化加剧了水资源安全风险。受全球气候变化影响，极端天气事件加剧了水资源时空分布不确定性，增加供水保障和水旱灾害防御难度。第三次全国水资源调查评价成果表明，水资源短缺并且开发利用程度较高的辽河区水资源衰减突出。2001—2016年系列与 1956—2000 年系列相比，西辽河流域河川径流量减少超过 23%，水资源紧缺形势呈现进一步加剧的态势。

三、战略需求

新中国成立以来，经过几代松辽人的艰苦努力和拼搏，开展了规模空前的水利建设，取得了举世瞩目的巨大成就。但近年来，随着工业化、城镇化快速推进和国家商品粮基地、畜牧业基地和国家生态安全屏障建设，以及全球气候变化、热岛效应和极端天气事件加剧及频发等影响，松辽流域水资源短缺、水生态损害、水污染严重等新老问题相互交织在一起，对松辽流域水资源安全保障提出了更加紧迫而严峻的挑战。

根据新时代新发展理念和新发展格局，按照国家新时代治水思路和紧扣"两步走"战略安排，以国家实施水安全战略为总揽，坚持战略需求导向、问题导向和目标导向，以建设幸福松辽为目标，认真梳理流域水治理战略需求和聚焦关键制约因素，以实现"生活空间宜居舒适、生产空间集约高效、生态空间山清水秀"为引导，以"十四五"期间启动和实施国家水网重大工程为契机，通过实施大型蓄水工程、引调水工程和河湖生态水系连通工程及万里绿水长廊工程建设，不断优化和调整水资源配置总体格局，全面提高全流域水资源安全保障能力，全方位满足人民群众对美好生活的向往和对优质水资源、健康水生态、宜居水环境等需求，为流域生态文明建设和高质量发展、幸福松辽建设等提供有力的水资源安全保障。

（1）加快推进城乡一体化供水体系建设。通过修建林海水库、北安水库、十六道岗水库等大型蓄水工程和辽宁省重点引水工程及内蒙古支线工程、吉林中部引松供水工程、吉林省重点引水工程，引绰济辽工程等大型引调水工程及配套工程和水源置换工程，并对已建农村饮水工程改造提标，将现有地下水供水水源逐步转变为应急水源或战略储备水源，最终建成全流域"日常供水水源-应急水源-战略储备水源"三重安全保障的城乡一体化供水体系，确保全流域城乡居民饮用水安全和第二、第三产业用水安全，进一步提高全流域城乡一体化供水保障能力，强力支撑和保障东北老工业基地振兴、新型城镇化建设和乡村振兴等。

（2）加快实施节水生态型现代化灌溉体系建设。通过修建引嫩扩建骨干工程、引嫩入白供水工程、大安灌区引水工程、哈达山水利枢纽工程、松花江灌区引水工程、乌裕尔河灌区引水工程、引松济卡和黑龙江省重点引水工程，改建和扩建节水生态型大中型灌区、完善和提升灌区续建配套、节水改造和井改渠等工程，进一步有效提升国家粮食增产潜力，有力保障国家粮食安全，再展黑土地黄金玉米带、东北绿色大米和漫山遍野大豆高粱等现代大农业风貌和祖国东北边陲"北大仓"那一望无际的鱼米之乡美景。

（3）大力推进河湖生态水系建设。通过修建跨流域河湖生态水系连通工程和万里绿水长廊工程，以及湖库-河渠-灌域组成的"点-线-面"回灌补源工程，新建和扩建或提质全流域城乡污水处理及再生水利用工程，全面建成生态型湖库-河渠-灌域-湖沼-河流组成的集"水质净化-水景观-地下水回灌补源"等功能于一体的河湖生态水系，全流域河流湖库水质状况及生物多样性得到全面改善和提升，进一步提升和筑牢国家东北边陲生态安全屏障，重现东北谚语里"棒打狍子瓢舀鱼，野鸡飞到饭锅里"的北大荒原生态美景。

总之，针对松辽流域水资源禀赋条件和未来区域发展定位及缺水状况，根据国家加快构建以国内大循环为主体、国内国际双循环相互促进的新发展格局的时代要求，遵循新时代治水思路，基于已有的评价、规划和研究等成果，聚焦影响和制约新时代松辽流域水资源安全保障的重大问题，统筹水资源与经济发展和生产力布局呈逆向分布的特点，站在全流域乃至国家战略的高度，以国家视角、国际视野，以实现幸福松辽为目标，面对"百年未有之大变局"，围绕如何发挥松辽流域得天独厚的水资源、光热资源和黑土地、矿产、森林、草原等资源优势和区位优势，如何强力保障国家"粮食安全、能源安全、产业安全、生态环境安全"等新挑战，迫切需要根据新时代新理念、新格局和新要求，系统开展水资源战略配置布局与实现路径研究，为松辽流域水资源战略配置格局调整和优化提供依据，以保障全流域生态保护和高质量发展，强力支撑幸福松辽、美丽幸福中国建设和国家如期实现第二个百年奋斗目标。

第四节　指导思想与总体思路

一、指导思想

以习近平新时代中国特色社会主义思想为指导，全面贯彻党的十九大、十九届二中、三中、四中、五中全会及二十大精神，践行"节水优先、空间均衡、系统治理、两手发力"治水思路，强化顶层设计，坚持战略需求导向、问题导向和目标导向，提出松辽流域水资源战略配置整体格局与实施路径，全面提升哈长城市群、辽中南城市群、长吉图开发开放先导区等重点城市生活、工业和三江平原、松嫩平原、辽河平原农业、生态用水保障能力，不断满足人民群众对美好生活的向往和对优质水资源、健康水生态、宜居水环境等的需求，为流域生态文明建设和高质量发展提供安全的水资源保障。

二、总体思路和布局

以国家战略和松辽流域区域发展战略、主体功能区规划、"四省一区"发展定位、"十四五"规划和2035年远景目标纲要以及战略性新兴产业发展规划等为依据，结合"四省一区"各地市及各县市区所处的流域位置、发展现状及发展战略等，在充分考虑水资源禀赋条件、产业结构调整、节水和治污、生态环境保护等前提下，在充分考虑水资源禀赋条件、产业结构调整、节水和治污、生态环境保护等前提下，根据水资源水环境承载能力，按照"以水定城、以水定地、以水定人、以水定产"的要求，通过"把水资源作为最大的刚性约束"推动生态环境保护和经济社会高质量发展，倒逼经济结构转型升级，进一步优化调整流域国民经济空间发展布局，重组和优化战略性新兴产业特色集群，着力打造产业转型新引擎，建设以先进制造业为基础的新型工业基地，引领新时代特色产业调整和转型升级，将松辽流域按照"长白山、大小兴安岭和燕山"三大山脉控制的地形地貌空间格局，从高海拔水源涵养区到中低海拔按照流域依次划分为三个发展梯次，分析提出松辽流域"三梯次"发展总体思路和布局。

第一梯次包括重大水源工程——尼尔基水库、文得根水库、察尔森水库、红花尔基水库、桃山水库、西泉眼水库、磨盘山水库、丰满水库、石头口门水库、新立城水库、二龙山水库、南城子水库、柴河水库、清河水库、大伙房水库、观音阁水库、汤河水库、英那河水库、碧流河水库、三湾水库、桓仁水库、云峰水库、白石水库、锦凌水库、青山水库、打虎石水库、三座店水库、东台子水库等控制的流域范围，为限制开发区或保护区。未来严格控制和禁止高污染高耗水工业发展，大力扶持战略性新兴产业和高精尖清洁型高端产业发展，严格限制城镇化和工业化发展规模及新增用水需求；鼓励和扶持发展休闲养生和观光旅游业、绿色生态农业和特色种植业发展；以水资源保护为主，以水源涵养、水生态修复与水环境治理为重点。该梯次是积极践行"绿水青山就是金山银山"理念的先行示范区，可定位为全流域的后花园、养老康复与休闲度假、天然氧吧和生态旅游胜地；要强化水资源保护意识和执行最严格的水资源保护问责制度，对污染保持零容忍，通过强化节水和大力提高用水效率、污水处理标准和再生水利用率及限期实现城乡废污水"零排放"等综合措施实现最严格的水资源保护目标。

第二梯次包括重要水源工程——石佛寺水库、大小凌河冲积扇、哈达山水库、月亮泡水库、佳木斯城市取水口等以上流域，重要国家级湿地——查干湖、莫莫格、辽河口国家级自然保护区等以上流域，重要界河——额尔古纳河、黑龙江干流、乌苏里江、绥芬河、鸭绿江，为优化开发区。未来严格限制高污染高耗水工业发展，大力扶持传统优势行业转型升级和先进装备制造、电子信息、新能源等中高端产业发展，支持城镇化和工业化发展并优先满足新增用水需求；大力发展生态宜居、商贸旅游、节水环保绿色农副产品加工业、生态农业和特色种植业发展；大力提高水资源保护意识和实行水资源保护问责制度，通过强化节水和积极提高用水效率、污水处理标准和再生水利用率及严格限制达标排放、力争城乡废污水"零排放"等综合措施实现水资源保护目标。

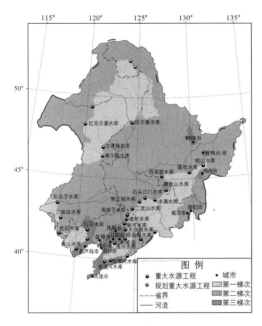

图 1-3 松辽流域"三梯次"发展总体
布局示意图

第三梯次包括浑太河、东北沿黄渤海诸河扣除英那河水库、碧流河水库、东风水库、锦凌水库、青山水库等控制流域以外部分（包括葫芦岛市、本溪市、鞍山市、辽阳市、盘锦市、营口市和大连市），以及图们江延吉市、图们市，黑龙江鹤岗市、双鸭山市、鸡西市，为重点开发区。未来优先支持当地优势行业和特色工业，鼓励新建、改建、扩建传统重点行业建设项目及有关重大中低端产业发展，积极支持城镇化和工业化发展并优先满足新增用水需求；大力扶持当地特色农副产品加工业、优势农业和特色种植业发展；提高水资源保护意识和实行水资源保护问责制度，通过强化节水和提高用水效率、污水处理标准和再生水利用率等有效措施实现水资源保护目标。

松辽流域"三梯次"发展总体布局情况，见图 1-3。

第五节 总体目标、阶段目标与主要控制指标

一、总体目标

根据国家第二个百年奋斗目标，积极践行"人与自然是生命共同体""绿水青山就是金山银山"和"尊重自然、顺应自然、保护自然"的理念，以实现"生活空间宜居舒适、生产空间集约高效、生态空间山清水秀"为导向，以确保国家"粮食安全、能源安全、产业安全、生态环境安全"等为重点，以最严格的水资源管理制度"三条红线"控制指标为强制性约束，合理开发利用和有效保护水资源，统筹推进山水林田湖系统治理，积极改善生态环境，到 2050 年全面建成以"日常供水水源-应急水源-战略储备水源"三重安全保障的城乡一体化供水体系和"河（渠）湖（库）相连-井渠双灌"相结合的节水生态型现代化灌溉体系，及以国家级、省地市级湿地保护区为重点和集"生物多样性-水质净化-水景观打造-地下水回灌补源"于一体的河湖生态水系等三大体系为主体，形成"以哈长城市群、辽中南城市群、长吉图开发开放先导区、哈大齐工业走廊、沈阳经济区和辽宁沿海经济带等为经济中心，以松嫩平原、三江平原、辽河平原等为农业发展聚集区，以西辽河、嫩江和额尔古纳河等为畜牧业发展集聚区"等为重点，与城市（群）总规、国土空间规划、战略性新兴产业规划、区域发展战略与中心城市（群）定位等相协调和相适应的"九横八纵"水资源配置总体格局（跨流域引调水工程为"横"，包括辽宁省重点引水工程及内蒙古支线工程、吉林中部城市引松供水工程、吉林省重点引水工程、引绰济辽工程、

大连供水工程、北水南调工程等，河流为"纵"，包括西辽河-东辽河-辽河干流、嫩江-松花江南源-松花江干流、额尔古纳河-黑龙江干流、乌苏里江、绥芬河、图们江、鸭绿江等)。水资源供需矛盾得到彻底解决，流域层面大水网格局全面形成并发挥效益，全面实现"优水优用、高水高用""城乡供水一体化、农村供水城市化"和"应引尽引、应用尽用、应灌尽灌"，以及"河湖生态美丽、地下水动态全域恢复"等目标，重现东北谚语里"棒打狍子瓢舀鱼，野鸡飞到饭锅里"的北大荒原生态美景，为全流域迈入人水和谐的生态文明社会和实现"水清、泉涌、流畅、岸绿、景美"的幸福松辽提供强有力的水资源安全保障。

二、阶段目标

根据国家"一带一路"倡议及乡村振兴、国家重点区域融合发展、东北振兴取得新突破、国家粮食安全等战略和松辽流域发展战略及"四省一区"发展定位，按照松辽流域未来总体目标要求，提出分阶段目标。

(一)近期(2017—2035 年)目标

(1)以解决水利工程补短板为重点，基本形成"七横八纵"水资源配置总体格局，初步建成全流域城乡供水三重安全保障体系，总体实现"优水优用、高水高用"目标。建成林海水库、北安水库、花园水库、关门嘴子水库等 27 座大型水库和辽宁省重点引水工程及内蒙古支线工程、吉林中部城市引松供水工程、吉林省重点引水工程，引绰济辽工程等 11 项大型引调水工程及配套工程和水源置换工程，并对已建农村饮水工程改造提标，基本实现"城乡供水一体化、农村供水城市化"目标，压减超采区地下水开采规模，并将现有地下水供水水源逐步转变为应急水源或战略储备水源。

(2)以大中型灌区续建配套与节水改造和输配水管网改造等为重点，全流域节水工作取得实质性进展。修建引嫩扩建骨干工程、引嫩入白供水工程、大安灌区引水工程、哈达山水利枢纽工程、松花江灌区引水工程、乌裕尔河灌区引水工程、引松济卡和黑龙江省重点引水工程等，改建和扩建节水生态型大中型灌区，完善和提升灌区续建配套、节水改造和井改渠(实现井渠双灌，积极压减地下水、尽量增加地表水灌溉水量)等工程，新增灌溉面积 4410 万亩，农田灌溉水利用系数由现状的 0.6 提升到 0.61 以上，基本实现"应引尽引、应用尽用、应灌尽灌"等目标；高质量改造全流域城乡输配水管网系统，强制普及生活节水器具，以及传统工业企业实现结构调整、技术更新和工艺提升等，公共供水管网漏损率达到 12％以内、节水器具普及率达到 95％以上和工业用水重复利用率达到 90％以上。

(3)以河湖生态水系修复及地下水回灌补源为重点，全流域生态环境实现历史性好转和恢复往日勃勃生机。通过修建跨流域河湖生态水系连通工程和万里绿水长廊工程，以及湖库-河渠-灌域组成的"点-线-面"回灌补源工程等，重要河湖生态水量全部得到保障，重要河湖实现"有水的河湖"向"流动的河湖"飞跃，地下水动态止跌回升，重要湖泊湿地(国家级湿地)面积恢复到 20 世纪 70 年代末水平，重点区域地下水位明显回升，全流域生态环境状况得到明显改善和提升。

(4)以实现水资源保护目标为重点，全流域水资源质量状况得到全面改善，水资源的资源功能、生态功能、环境功能与景观娱乐及文化传承等功能得到全面恢复和提升。新建和扩建城乡污水处理及再生水利用工程，确保全流域污水收集率及处理率均达到 90％以上，其中第一梯次限制开发区污水收集率及处理率均达到 95％ 以上；全流域规模以上污水处理厂全部执行一级A 标准，其中第一梯次规模以上污水处理厂率先执行地表水准 Ⅳ 类标准；全流域再生水利用率达到 50％ 以上，其中第一梯次再生水利用率达到 80％ 以上；主要河流、湖库水质状况得到显著改善，全流域地表水水质较好（达到或优于 Ⅳ 类）比例总体达到 80％ 以上。

（5）以最严格水资源管理制度及河长制为重点，实现流域水资源开发、利用、配置、节约、保护全覆盖和全时域监管。通过严格取水许可、计划用水和节约用水等最严格的水资源管理制度及河长制，全面实现用水总量控制、用水效率控制和水功能区纳污限制，以及河长制等各项管理目标，地下水"水量-水位"双控管理制度实现从无到有的突破，完成地下水压采、水源置换和河湖生态水系修复及回灌补源和数字孪生流域建设等任务，有效提高水资源现代管理能力和水平。

（二）远期（2036—2050 年）目标

（1）按照"积极引用界河水，科学拦蓄过境水，合理调配境内水，充分利用再生水，切实保护和压采地下水"的配置思路，全面建成集"日常供水水源-应急水源-战略储备水源"三重安全保障的城乡一体化供水体系，全部实现"优水优用、高水高用"目标。完成北水南调工程、吉林图松引水工程，扩容老龙口水库，实施海龙水库、二龙山水库、蔯窝水库、白石水库等清淤扩容和综合整治工程、工业-生活供水水源提升工程及应急水源、战略储备水源建设，新建和扩建净水厂、污水处理及再生水利用工程及其配套管网工程，形成"优水优用、高水高用"的"九横八纵"水资源配置总体格局，全面建成城乡一体化供水体系，全面实现"城乡供水一体化、农村供水城市化"目标，全流域城乡居民都喝上放心的优质水，农村自来水普及率实现 99％ 以上，大幅度提高城乡生活、生产和生态安全供水保障水平。

（2）以节水生态型灌区节水改造和输配水管网提质等为重点，建成"渠库相连-井渠双灌"相结合的节水生态型现代化灌溉体系，全流域农业灌溉节水工作再上一个新台阶。新建和改扩建生态型灌区及续建配套、节水改造和井改渠（实现井渠双灌，积极压减地下水、尽量增加地表水灌溉水量）等提升工程，新增灌溉面积 1460 多万亩，农田灌溉水利用系数由现状的 0.6 提升到 0.62 以上，全部实现"应引尽引、应用尽用、应灌尽灌"等目标，再展黑土地黄金玉米带、东北绿色大米和漫山遍野大豆高粱等现代大农业风貌和祖国东北边陲"北大仓"那一望无际的鱼米之乡美景；智慧化改造全流域城乡输配水管网系统、积极改进工业企业生产工艺节水流程和技术升级换代等，公共供水管网漏损率控制在 10％ 以内、节水器具普及率达到 99％ 以上和工业用水重复利用率达到 95％ 以上。

（3）以实现水质提升和水生态环境修复改善为重点，建成集"水质净化-水景观-地下水回灌补源"等功能于一体的河湖生态水系。新建和扩建或提质全流域城乡污水处理及再生水利用工程，确保全流域污水收集率及处理率均达到 95％ 以上，第一梯次限制开发区和第二梯次部分优化开发区（如赤峰市、通辽市、兴安盟、呼伦贝尔市，沈阳市、抚顺市、铁岭市、朝阳市、阜新市、锦州市、丹东市、四平市、长春市、吉林市、松原市、白城市、白山市、通化市、齐齐哈尔市、大庆市、绥化市、七台河市、伊春市、佳木斯市、牡丹江市）规模以上污水处理厂均执行地表水准 Ⅳ 类标准，全流域再生水利用率达到 75％ 以上，其中第一梯次限制开发区再生水利用率达到 90％ 以上；全面建成生态型湖库-河渠-灌域-湖沼-河流组成的、集"水质净化-水景观-地下水回灌补源"等功能于一体的河湖生态水系，全流域河流、湖库水质状况及生物多样性得到全面改善和提升，重要河湖实现"流动的河湖"到"生态的河湖"飞跃，主要湖泊湿地（国家级、省地市级湿地）面积恢复到 20 世纪 70 年代末水平，重现东北谚语里"棒打狍子瓢舀鱼，野鸡飞到饭锅里"的北大荒原生态美景；地下水动态全面回升，重要区域地下水动态回升到 20 世纪 70 年代末水平。

（4）利用先进的新一代信息技术，以水资源管理智慧化为重点，全流域水资源开发、利用、配置、节约、保护实现多维立体化、全时域监管预警，全面建成松辽流域智慧水资源管理系统和具有"四预"等完备功能的数字孪生流域，全面提升水资源管理效率和效能。

（5）考虑到未来以国内大循环为主体、国内国际双循环相互促进的新发展格局存在国内国际双重不确定性影响，以及当地水资源在气候和人类双重作用下可能呈现的丰枯变化态势，根据国家第二个百年奋斗目标，确保国家"粮食安全、能源安全、产业安全、生态环境安全"等，积极推进国家战略储备水源布局，为实现"人水和谐"的生态文明和幸福松辽提供强有力的水资源安全保障。

三、主要控制指标

国家、各部委、松辽委、"四省一区"先后发布的最严格水资源管理制度、"水十条"、水资源消耗总量和强度双控等政策文件，以及各流域水量分配与规划等成果，可供制定控制指标参考，内容如下。

（1）2012 年 1 月 12 日，国务院以国发〔2012〕3 号文件发布了《国务院关于实行最严格水资源管理制度的意见》，这是继 2011 年中央一号文件和中央水利工作会议明确要求实行最严格水资源管理制度以来，国务院对实行该制度作出的全面部署和具体安排，是指导当前和今后一个时期我国水资源工作十分重要的纲领性文件。

（2）根据《水污染防治行动计划》（2015 年）规定，到 2020 年，全国所有县城和重点镇具备污水收集处理能力，县城、城市污水处理率分别达到 85％、95％左右；缺水城市再生水利用率达到 20％以上，京津冀地区达到 30％以上。

（3）根据"四省一区"节水行动实施方案、"十三五"水资源消耗总量和强度双控工作实施方案、实行最严格水资源管理制度考核工作实施方案、水污染防治碧水工程行动计划等要求，到 2020 年，"四省一区"公共供水管网漏损率、取水总量控制指标、市县和重点乡镇污水处理率、县级以上城市再生水利用率等控制指标达标。

基于上述要求，本书提出松辽流域分类分阶段的规划控制指标，包括具有强行控制要求的约束性指标和具有引导鼓励要求的预期性指标。松辽流域主要控制指标，见表 1-2。

表 1-2　　　　　　　　　　　松辽流域主要控制指标

指标	区域	2016 年	2035 年	2050 年	指标类型
用水总量 /（亿 m³/a）	黑龙江	370	560	615	约束性
	吉林	140	190	240	
	辽宁	145	180	255	
	内蒙古	100	120	150	
	小计	755	1050	1260	

续表

指标	区域	2016 年	2035 年	2050 年	指标类型
城镇居民生活 用水定额 /[L/(人·d)]	黑龙江	120	140	155	预期性
	吉林	125	140	155	
	辽宁	120	140	155	
	内蒙古	110	120	130	
农村居民生活 用水定额 /[L/(人·d)]	黑龙江	70	110	135	预期性
	吉林	75	110	140	
	辽宁	75	110	140	
	内蒙古	70	110	130	
工业、第三产业及 建筑业用水量 /(亿 m³/a)	黑龙江	26	50	70	预期性
	吉林	24	50	70	
	辽宁	29	55	90	
	内蒙古	9	20	26	
工业用水定额 /(m³/万元)	黑龙江	50	35	25	约束性
	吉林	35	25	20	
	辽宁	25	20	15	
	内蒙古	30	25	20	
农田灌溉面积 /万亩	黑龙江	9850	13250	13600	预期性
	吉林	2890	3310	3800	
	辽宁	2350	2600	3000	
	内蒙古	2870	3300	3600	
农田综合灌溉定额 /(m³/亩)	黑龙江	350	350	340	约束性
	吉林	330	335	340	
	辽宁	330	310	320	
	内蒙古	220	215	210	
灌溉水利用系数	黑龙江	0.61	0.615	0.63	约束性
	吉林	0.594	0.61	0.62	
	辽宁	0.591	0.61	0.62	
	内蒙古	0.547	0.60	0.61	
基本生态流量 /(m³/s)	大赉	35			约束性
	扶余	100			
	哈尔滨	250			
	佳木斯	290			
	王奔	4.98（12月—次年3月、4—5月、10—11月）； 7.45（6—9月）			
	辽中	2.83（12月—次年3月）；14.17（4—11月）			

指标	区域	2016 年	2035 年	2050 年	指标类型
河湖生态补水量 /万 m^3	黑龙江	2	12	25	预期性
	吉林	4	5	7	
	辽宁	3	4	10	
	内蒙古	8	10	23	
再生水利用率/%	黑龙江	—	65	78	约束性
	吉林	—	60	75	预期性
	辽宁	—	65	78	预期性
	内蒙古	—	50	75	预期性

注 生态流量是以控制断面名称代替省份交界断面。

第二章 水资源禀赋条件及开发利用情势

第一节 水资源禀赋条件

一、降水与蒸发

（一）降水量

松辽流域位于我国东北部，处于温带季风气候区。从水汽输送方向看，是从东南、南和西南等方向向北输送，分别在黄海沿岸和渤海西岸形成两个降水量高值区；越往北和西北水汽越少，降水量也相应减少，松嫩平原、三江平原、绥芬河及穆棱河、倭肯河中下游、呼伦贝尔高平原为降水低值区。以大兴安岭为界，大兴安岭以西以北，降水量自东向西由450mm左右逐渐递减至250mm左右，至呼伦湖以西克鲁伦河中蒙交界地区降至最低。

根据松辽流域第三次水资源调查评价成果，松辽流域1956—2016年系列年均降水量为509.8mm。其中，松花江区年均降水量为501.6mm；辽河区年均降水量为533.9mm。具体结果见表2-1。

表 2-1　　　　　　　　　　松辽流域 1956—2016 年系列年均降水量

分　区		面积/km²	年 降 水 量		
			水深/mm	总量/亿 m³	占全流域的比例/%
松花江区	嫩江	293507	454.5	1334.0	21.2
	松花江南源	73416	688.8	505.7	8.0
	松花江干流	187586	587.4	1101.9	17.5
	松花江界河	366569	457.9	1678.4	26.7
	小计/平均	921078	501.6	4620	73.4
辽河区	西辽河	138338	355.3	491.5	7.8
	东辽河	10440	560	58.5	0.9
	辽河干流	44947	566.8	254.7	4
	浑太河	27661	740.7	204.9	3.3
	辽河界河	92636	767.95	667	10.6
	小计/平均	314022	533.9	1676.6	26.6
合计/平均		1235100	509.8	6296.6	100

松辽流域1956—2016年系列年均降水量分布见图2-1。松辽流域1956—2016年系列年均降水量（509.8mm）比1956—2000年系列年均降水量（513.5mm）偏少0.73%，1980—2016年系列年均降水量（512.3mm）比1956—2000年系列偏少0.23%，2011—2016年系列年均降水量比1956—2000年系列偏大4.81%。

（二）水面蒸发量

根据松辽流域第三次水资源调查评价成果，松辽流域水面蒸发量的大小与降水量空间分布相反。松嫩平原、大兴安岭以西以北地区呼伦湖、西克鲁伦河中蒙交界地区以及教来河及西辽河干流区间，均为蒸发量高值区，达1000mm以上；大兴安岭以东以南地区，吉林省东部中低山区，拉林河、蚂蚁河及海浪河上游、呼兰河及岔林河上游地以及辽河区东部的鸭绿江流域，均为蒸发量低值区，为600mm以下。松辽流域多年平均水面蒸发量为365.5~1459.5mm，最小的是额尔古纳河的满归站，最大的是西辽河下游区间的敖汉旗站。不同年代蒸发代表站水面蒸发量比较结果见表2-2；水面蒸发量分布情况见图2-2。

表2-2　　　　　　　　　不同年代蒸发代表站水面蒸发量比较结果

蒸发站名称	水资源二级区	年均水面蒸发量/mm		1980—2016年系列均值与1980—2000年比较/%
		1980—2000年	1980—2016年	
江桥	嫩江	941	929	−1.28
松花江	松花江南源	785	775	−1.27
下岱吉	松花江干流	838	827	−1.31
通辽	西辽河	1112	1123	0.99
二龙山水库	东辽河	774	789	1.94
台安	辽河干流	894	880	−1.57
营盘	浑太河	906	839	−7.40
叶柏寿	东北沿黄渤海诸河	1053	988	−6.17

二、水资源量

根据松辽流域第三次水资源调查评价成果，松辽流域水资源总量为1953.3亿m³。其中，松花江区水资源总量为1469.8亿m³，辽河区水资源总量为483.5亿m³。水资源二级区中，松花江干流水资源总量最大，为408.3亿m³，东辽河水资源总量最小，仅为13.7亿m³。从五省区看，黑龙江省面积占松辽流域总面积最大达36.7%，其水资源总量占比达到41.4%；河北省占松辽流域总面积最小仅为0.4%，水资源总量占比也最小仅为0.1%。

按照国际公认标准，人均水资源量低于3000m³为轻度缺水，低于2000m³为中度缺水，低于1000m³为重度缺水，低于500m³为极度缺水。按照这一标准，松辽流域人均水资源量为1615m³，总体上处于中度缺水；松花江界河和内蒙古自治区总体不缺水，其他流域和省级行政区均存在不同程度缺水，其中西辽河、东辽河和辽河干流为重度缺水，浑太河为极度缺水。

松辽流域第三次水资源调查评价主要成果，见表2-3、图2-3和图2-4。

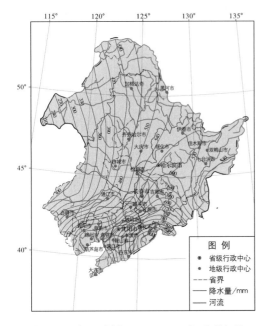

图 2-1 松辽流域 1956—2016 年系列年均
降水量分布图

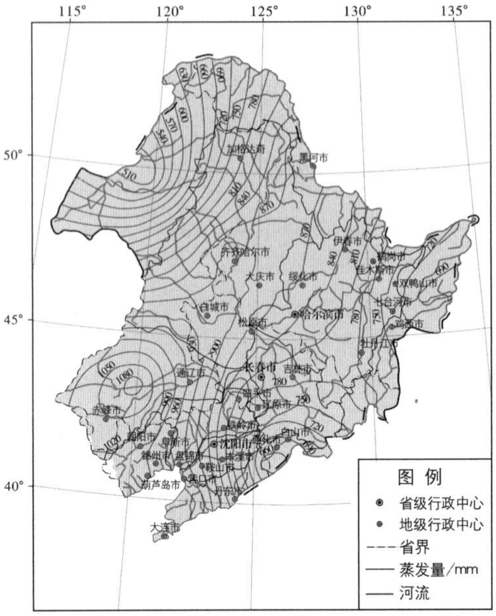

图 2-2 松辽流域 1980—2016 年系列年均水面
蒸发量分布图

表 2-3　　　　　　　　　　　　　　　松辽流域水资源总量

分　区		地表水资源量/亿 m³	地下水资源量/亿 m³	地表水与地下水重复量/亿 m³	水资源总量/亿 m³	人均水资源量/(m³/人)	亩均水资源量/(m³/亩)
松花江区	嫩江	266.8	140.2	59.2	347.8	2103	264
	松花江南源	164.8	51.7	32.3	184.2	1245	508
	松花江干流	349.7	145.9	87.3	408.3	1633	394
	松花江界河	467.9	156.3	94.6	529.6	6544	748
	小计/平均	1249.2	494.1	273.4	1469.9	2282	1108
辽河区	西辽河	22.6	43.3	—	65.9	847	141
	东辽河	8.16	8.5	3	13.7	596	137
	辽河干流	39.1	36.9	10.8	65.2	738	201
	浑太河	63	32.3	22.5	72.8	482	786
	辽河界河	260.4	53.8	50	265.8	1180	941
	小计/平均	393.3	174.8	86.3	483.4	855	1034
合计/平均		1642.5	668.9	359.7	1953.3	1615	416
省（自治区）	黑龙江省	667.4	303.6	163.3	807.8	2128	363
	吉林省	343	109.1	52.1	400	1464	452
	辽宁省	293.2	124.7	87.2	330.6	759	496
	内蒙古自治区	336.6	130.6	54.9	412.2	3506	457
	河北省	2.32	1	0.6	2.7	814	262

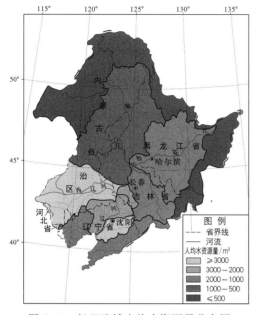

图 2-3　松辽流域人均水资源量分布图

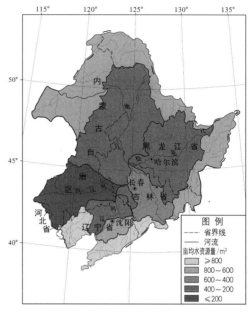

图 2-4　松辽流域亩均水资源量分布图

松辽流域水资源年际变化比较大，1956—2000 年、1956—2016 年、1980—2016 年松辽流域水资源系列评价结果，见表 2-4。

表 2-4　　　　　　　　　　松辽流域不同系列水资源总量对比

分　区		1956—2000 年	1956—2016 年		1980—2016 年	
		水资源总量 /亿 m³	水资源总量 /亿 m³	1956—2016 年系列均值与 1956—2000 年比较/%	水资源总量 /亿 m³	1980—2016 年系列均值与 1956—2000 年比较/%
松花江区	嫩江	364.7	347.8	−4.64	357.5	−1.97
	松花江南源	183.5	184.2	0.38	185.5	1.09
	松花江干流	415.8	408.3	−1.80	407.8	−1.92
	松花江界河	544.5	529.6	−2.74	524.2	−3.73
	小计/平均	1508.5	1469.9	−2.56	1475	−2.22
辽河区	西辽河	69.9	65.9	−5.72	63.5	−9.16
	东辽河	14	13.7	−2.14	13.7	−2.14
	辽河干流	67.3	65.2	−3.12	62.2	−7.58
	浑太河	72.7	72.8	0.14	70.8	−2.61
	辽河界河	275.8	265.8	−3.59	249.9	−9.39
	小计/平均	499.7	483.4	−3.24	460.1	−7.92
合计/平均		2008.2	1953.3	−2.73	1935.1	−3.64

根据松辽流域第三次水资源调查评价成果，松花江区 1956—2016 年多年平均年水资源总量 1469.9 亿 m³，比 1956—2000 年多年平均年水资源总量 1508.5 亿 m³ 减少

2.56%。1980—2016 年多年平均年水资源总量为 1475 亿 m³，比 1956—2000 年多年平均年水资源总量减少 2.22%。

辽河区 1956—2016 年多年平均年水资源总量 483.4 亿 m³，比 1956—2000 年多年平均年水资源总量 499.7 亿 m³ 减少 3.24%。1980—2016 年多年平均年水资源总量为 460.1 亿 m³，比 1956—2000 年多年平均年水资源总量减少 7.92%。

综上分析，近 20 年松花江区由于降水量增多，水资源总量呈增加趋势，与降水量趋势一致；辽河区由于降水量持续减少，水资源总量仍呈减少趋势，其中仅有浑太河和东辽河呈增加趋势。松辽流域水资源呈现"丰者更丰，歉者更歉"的变化趋势，加大了松辽流域水资源开发利用和水资源配置的难度。

三、水资源质量

（一）河流水质

根据松辽流域第三次水资源调查评价成果，松辽流域河流水质总体状况较好，2016 年全年河流水质Ⅰ～Ⅲ类河长的比例为 62.0%，Ⅳ～Ⅴ类河长占比为 25.9%；劣Ⅴ类河长占比 12.0%，主要污染项目为总磷、氨氮、五日生化需氧量和高锰酸盐指数。各二级区中，嫩江、松花江干流、东北沿黄渤海诸河和西辽河水质状况较好，松花江南源、东辽河和浑太河水质状况较差。各省区中，内蒙古自治区河流水质Ⅰ～Ⅲ类河长的比例最高，辽宁和吉林省河流水质劣Ⅴ类长度较大。重点河流中，松花江南源的水质较好，为Ⅲ类以上；饮马河、东辽河、浑河和大凌河水质较差，劣Ⅴ类长度较大。

（二）湖泊水质

根据松辽流域第三次水资源调查评价成果，松辽流域 2000—2016 年湖泊水质状况有所改善，但富营养化状况仍未改善。此次全年共评价湖泊 13 个，其中松花江区 12 个，辽河区 1 个。其中水质Ⅰ～Ⅲ类的湖泊仅有 2 个，主要分布在嫩江和辽河干流，超标项目为化学需氧量、氟化物和总磷等，其余均为Ⅴ类和劣Ⅴ类湖泊。

全年湖泊营养化评价 11 个，其中贫营养 3 个，分别为贝尔湖、呼和诺尔、呼伦湖；中度富营养 4 个，分别为嫩江的查干湖、大库里泡、莫莫格自然保护区和卧龙湖，其余湖泊均为中营养或轻度富营养。

（三）水库水质

根据松辽流域第三次水资源调查评价成果，2016 年松辽流域水库水质总体较好，Ⅰ～Ⅲ类水质水库占评价水库总数的 37%，Ⅳ～Ⅴ类和劣Ⅴ类水质水库分别占评价水库总数的 56% 和 7%。主要超标项目为总磷、高锰酸盐指数、氟化物、五日生化需氧量和化学需氧量。各二级区中，嫩江和东北沿黄渤海诸河水库水质较好，松花江南源、松花江干流、东辽河和西辽河水质较差。松辽流域评价水库的营养状况以轻度营养化为主，松花江南源区、东辽区和辽河干流区水库富营养化较严重。

（四）地下水水质

根据松辽流域第三次水资源调查评价成果，松辽流域共计 1126 眼地下水监测井。按水质类别统计，Ⅱ类水质的监测井 10 眼，占 0.89%；Ⅲ类 167 眼，占 14.83%；Ⅳ类 453 眼，占 40.23%；Ⅴ类 496 眼，占 44.05%。通过对数据质量较好、资料系列完整、具有代表性的 627 眼平原区浅层地下水监测井的水质变化趋势进行分析，2000—2016 年 64%

的监测井水质状况稳定，35%的监测井水质呈恶化趋势，1%的监测井呈好转趋势。呈恶化趋势的监测井主要分布在松嫩平原，主要由于硝酸盐、氯化物、硫酸盐等指标趋于恶化造成。

四、水生态环境

（一）河道断流

根据松辽流域第三次水资源调查评价成果，松辽流域1980—2016年共41条河流出现过断流，断流河段总长度1858km。其中：常年断流河流有1条；经常断流河流有20条，占断流河流的48.8%；偶尔断流河流有20条，占断流河流的48.8%。具体结果见表2-5。

表2-5　　　　　　　　　　　　　水资源一级区河流断流情况　　　　　　　　　　单位：条

分区		常年断流	经常断流	偶尔断流	合计
松花江区	嫩江	0	4	0	4
	松花江南源	0	1	5	6
	松花江干流	0	0	4	4
	松花江界河	0	0	4	4
	小计	0	5	13	18
辽河区	东辽河	0	1	1	2
	辽河干流	0	1	1	2
	西辽河	1	13	5	19
	辽河界河	0	0	0	0
	小计	1	15	7	23
合计		1	20	20	41

嫩江霍林河白云胡硕—出境断面、蛟流河双城水库（坝下）—杜尔基（高家屯）断面、杜尔基（高家屯）—出境断面、洮尔河察尔森站—归流河汇入口断面、洮儿河洮南站—镇西站断面、镇西站—月亮泡水库断面出现断流。这些河流断流情况较频繁，断流原因均为断面上游水利工程设计中未考虑生态要求，导致下游断面出现断流情况，其中洮尔河察尔森站—归流河汇入口断面，每年都出现断流情况，最长断流天数达到210天。

松花江南源莲河橡胶坝泵站—东河套入莲河河口断面、饮马河德惠站断面、双阳河新安站断面，伊通河农安站断面、沐石河浮家桥断面、新凯河顺山堡（闸下）站断面出现断流。其中饮马河、双阳河、莲河、新凯河断流原因为民堤蓄水灌溉、河道闸坝建设，断流较为频繁，伊通河、沐石河断流原因为上游来水不足，偶尔出现断流情况。

松花江拉林河支流卡岔河榆树站断面、呼兰河秦家断面、呼兰河支流努敏河四方台断面、呼兰河支流通肯河青冈断面出现断流。河流断流的原因是灌溉蓄水拦河工程导致下游断流，断流的时间集中在灌溉期。

西辽河流域19条河流1980—2016年基本均出现过不同程度的断流，其中西辽河干流、西拉木伦河、百岔河、羊肠子河、阴河、昭苏河和新开河断流年份在30年以上。西辽河干流断流主要集中在通辽水文站至郑家屯水文站、白市村至辽河大桥，最长断流天数318天；西拉木伦河断流主要集中在台河口水文站至河口，最长断流天数260天；老哈河断流主要集中在太平庄水文站至乌敦套海水文站，最长断流天数 188 天。西辽河断流原因主要为上游水资源开发利用过度、工程调度运行未考虑下游生态用水需求。

东辽河干流 2001—2004 年城子上至太平站出现断流，最长断流天数 57 天；小辽河 1994 年、1997 年、1999 年、2000 年、2002—2016 年杨大城子水库至十屋站出现断流，最长断流天数 289 天。东辽河断流原因主要为工程调度运行未考虑下游生态用水需求。

辽河干流 1997—2004 年福德店水文站断流，最长断流天数 87 天；绕阳河 1958—1997 年陆续出现断流，2000—2010 年每年均有断流，2015—2016 年出现断流，最长断流天数 136 天。

综上所述，松花江区河流断流的原因主要为断面上游大中型水利工程设计中未考虑生态要求，导致下游断面出现断流情况，个别河段因建有灌溉蓄水拦河工程而导致下游出现断流情况。辽河区河流断流原因主要是上游天然来水不足、水资源开发利用过度、工程调度运行不合理。

（二）湖泊萎缩

目前，松辽流域湖泊面积为 6158km²，松花江区湖泊面积为 6113km²，辽河区湖泊面积为 45km²。松辽流域已干涸的湖泊共计 43 个，松花江区 20 个，辽河区 23 个。松花江区干涸的湖泊主要集中在额尔古纳河流域，辽河区主要集中在西辽河流域。湖泊萎缩的原因有两种：一是降水量少、蒸发增大等自然条件影响；二是围垦、过度放牧等人类活动导致。辽河区最大的湖泊卧龙湖位于辽河干流流域，面积 32.56km²。根据水资源第三次调查评价数据，2001—2016 年和 1980—2000 年相比，多年平均水位降低了 0.16m，水量减少了 475 万 m³，面积减少了 12km²。卧龙湖变化原因主要为地处科尔沁沙地南缘，对生态气候较为敏感，2002—2004 年，卧龙湖所在的康平县连年干旱，加之人为活动干扰，卧龙湖几近干涸，2009 年以后，通过各种工程及管理措施，卧龙湖生态逐年恢复。

（三）湿地退化

目前，松辽流域 1km² 以上的湿地面积共计 4.2 万 km²，主要分布在嫩江、东北沿黄渤海诸河、辽河干流和西辽河。松辽流域 1956—1979 年湿地面积数据很少，仅 15 个，其中松花江区 11 个，辽河区 4 个。从 1980—2000 年至 2001—2016 年资料来看，松花江区湿地面积整体萎缩，共减少 1152km²，减少率 15.07%；辽河区湿地面积减少 2036km²，减少率 20.89%。其中，内蒙古荷叶花湿地水禽自治区级自然保护区 1980—2000 年比 1956—1979 年湿地面积大幅度增加，2001—2016 年又大幅度减少，减少约 75%，主要受气候及人为干扰影响；丹东鸭绿江口湿地国家级自然保护区 1980—2000 年至 2001—2016 年增加 313km²，增加 30%；其他湿地面积均不同程度减少，其中面积减少最大的为辽宁双台河口国家级自然保护区，减少 50% 以上，湿地面积减少的主要原因是河道来水量减少。

（四）地下水超采

松辽流域现状地下水超采区面积为 1.03 万 km²。其中，松花江区超采面积为 951km²，包括浅层地下水超采区 755km²、深层承压水超采区 196km²；辽河区超采区面积为 9331km²，包括浅层地下水超采区 6211km²、深层承压水超采区 3913km² 和重叠面积 793km²。近年来，松花江区随着地下水开发利用的严格管控与资源保护措施的有效实施，满洲里市和大庆市市区浅层地下水超采问题已基本解决，与原超采区相比，超采区面积减少 114km²；辽河区与原超采区相比，浅层地下水超采区面积减少 2316km²，深层承压水超采区面积减少 618km²。

受气候变化和人类活动等因素影响，松辽流域浅层地下水埋深呈年际波动性变化，总体稳定，但局部地区地下水埋深呈增加趋势。松嫩平原大部分地区、辽河平原上游、西辽河平原下游局部地区地下水埋深呈上升趋势，三江平原东部部分地区、松嫩平原局部地区、辽河平原局部地区、西辽河平原大部分地区地下水埋深呈下降趋势。

1. 松嫩平原

2005—2019 年 15 年间，松嫩平原年末平均地下水埋深变化为 5.19～7.17m，呈现有升有降的波动趋势，总体处于上升状态，上升 1.10m。从区域分布来看，地下水位上升区主要分布在哈尔滨市、呼兰区、双城区、阿城区、巴彦县、大庆市、林甸县、杜蒙县、克东县、望奎县、青冈县、安达市、肇东市、兰西县、明水县，以及讷河市、富裕县、依安县、克山县、拜泉县、海伦市、五常市部分地区，上升幅度一般为 0.50～4.00m。地下水位下降区主要分布在绥棱县、庆安县、海伦市、克山县、克东县、五大连池市、齐齐哈尔市、龙江县、泰来县、肇州县和肇源县各市县部分区域，下降 0.50～3.58m。

松嫩平原由于长期大规模开采地下水，导致局部地区地下水位下降。哈尔滨市城区、大庆市为了满足城市和工业用水的需求，哈尔滨市从 1970 年、大庆市从 1960 年开始连续大量开采地下水，致使地下水位持续下降，并且形成了地下水超采区；绥化市井灌水稻面积不断增加，导致局部地下水位下降。2019—2021 年松嫩平原浅层地下水埋深及 2021 年年均埋深/水位情况，见图 2-5 和图 2-6。

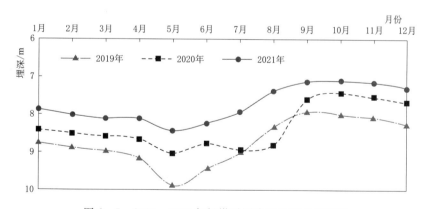

图 2-5　2019—2021 年松嫩平原浅层地下水埋深图

2. 三江平原

自 2001 年以来，三江平原井灌水稻发展较快，井灌水田面积从 2001 年的 1031 万亩增加到 2018 年的 2913 万亩，增长 1.83 倍。因大量开采地下水已导致地下水位区域性下降，2001—2019 年 19 年间三江平原地下水位年际间有升有降，但总体趋势下降，平均水位下降 0.53m，地下水埋深在 6.18～7.24m 之间波动。从区域分布来看，中部地区及西

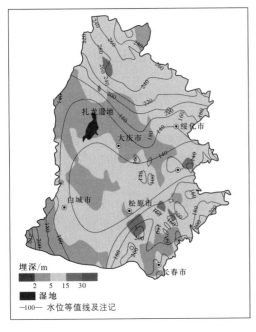

图 2-6 2021年松嫩平原浅层地下水
年均埋深/水位情况

部松花江右岸地区地下水位上升，西部松花江左岸地区地下水位处于相对平衡状态；东部部分地区地下水位下降幅度较大。地下水位上升区域主要分布在桦川县、集贤县、富锦市、抚远市、绥滨县、同江市、萝北县、宝清县和佳木斯市市辖区部分地区，上升幅度一般为 0.55~3.00m；地下水位下降较大区域主要集中在东部农垦建三江管理局及周边区域，下降幅度为 0.5~8.77m。这是由于局部超采地下水导致地下水位持续下降，形成程度不同的降落漏斗区。较典型的有建三江及毗邻降落漏斗，2001—2017 年水位下降速率 0.22~0.31(m/年)，下降幅度超过 3.00m 的面积达 0.5 万 km²。2019—2021 年三江平原浅层地下水埋深及 2021 年年均埋深/水位情况，见图 2-7 和图 2-8。

3. 辽河平原

辽河平原地下水埋深不大，大部分地区地下水埋深为 2~5m，东部山前区域地下水埋深为 5~10m，个别埋深超过 10m。地下水埋深较大的地区主要在沈阳市、锦州市水源地附近。2001—2019 年间，地下水位整体稳定，地下水位下降区主要分布于沈阳市浑河冲洪积扇和海城河冲洪积扇，主要是由于城市水源集中开采引起；水位呈上升趋势区域分布在辽河平原上游的和东部山前冲积扇附近。2019—2021 年辽河平原浅层地下水埋深及 2021 年年均埋深/水位情况，见图 2-9 和图 2-10。

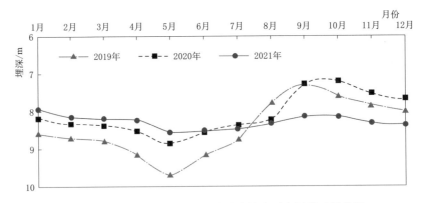

图 2-7 2019—2021 年三江平原浅层地下水埋深过程线图

4. 西辽河平原

2000 年以来，西辽河平原区气候干旱、地表水不断减少，同时由于地下水过度开采，袭夺了地表径流，导致河流断流情况逐渐加剧，湖泊湿地萎缩、功能退化。根据 1980 年以来埋深数据分析，2000 年以前地下水埋深变化不明显，2000 年以后进入快速下降期。2000—2017 年形成 4 个明显水位下降区，其中科尔沁地区水位下降 7～9m；开鲁县水位下降 6～9m；奈曼旗大沁他拉镇周边水位下降 6～11m；翁牛特旗中部水位下降 7～12m。另外，在西辽河下游的科左中旗、科左后旗水位有所上升，面积约 1.08 万 km²，上升幅度 0～2m。

五、水资源禀赋特征

松辽流域水资源总量为 1953.3 亿 m³，占全国水资源总量的 7.1%；人均水资源量为 1615m³，比全国平均水平（2000m³/人）偏低 19.3%；亩均水资源量为 416m³，比全国平均水平（1529m³/亩）偏低 72.8%。松辽流域水资源空间变异较大，总体上呈现"北丰南歉，东多西少"和"边缘多，腹地少"的空间分布格局。

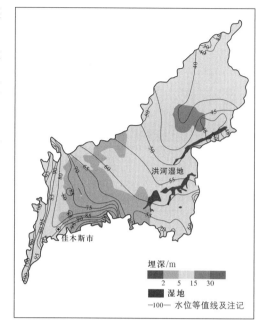

图 2-8　2021 年三江平原浅层地下水年均埋深/水位情况

松花江区水资源总量为 1469.9 亿 m³，占松辽流域水资源总量的 75.3%；人均水资源量为 2282m³，比全国平均水平偏高 14.1%；亩均水资源量为 429m³，比全国平均水平偏低 71.9%。松花江区内经济发达的松花江流域人口 5632 万人，耕地面积 2.72 亿亩，其人均和亩均水资源量分别为 1669m³、346m³，而经济不发达的界河流域人均和亩均水资源量分别为 6544m³、748m³。由此看出，松花江区水资源时空分布与用水需求相差很大，未来解决水资源开发利用不平衡、不充分问题和实现水资源空间均衡的任务将十分繁重。

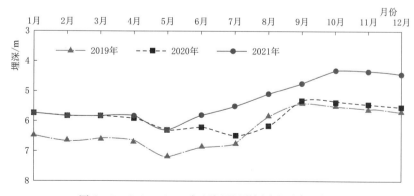

图 2-9　2019—2021 年辽河平原浅层地下水埋深图

辽河区水资源总量为 483.4 亿 m³，占松辽流域水资源总量的 24.7%；人均水资源量为 855m³，比全国平均水平偏低 57.3%；亩均水资源量 381m³，比全国平均水平偏低

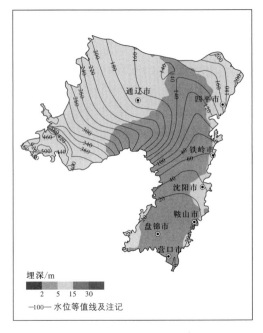

埋深/m

2　5　15　30

—100— 水位等值线及注记

图 2-10　2021 年辽河平原浅层地下水
年均埋深/水位情况

75.1%，属于重度缺水地区。辽河区内经济发达的辽河流域人口 5259 万人，耕地面积 1.23 亿亩，其人均和亩均水资源量分别为 640m³、221m³，而经济不发达的界河流域人均和亩均水资源量分别为 1180m³、942m³。由此看出，辽河区水资源时空分布与用水需求相差很大，未来解决水资源开发利用不平衡、不充分问题和实现水资源空间均衡的任务将更加繁重。

受季风气候影响，松辽流域水资源年内集中程度高，全年 45%～80% 的地表水资源量集中在汛期，其中 7—8 月两月占比可达 40%～65%。5 月是农业用水高峰期，农业用水需求与来水过程不匹配，农业灌溉用水与河道内生态、发电和航运等用水矛盾日趋突出。

综上可知，松辽流域水资源整体呈现"丰者更丰，歉者更歉"的演变态势，进一步加大了实现全流域水资源优化配置和空间均衡的艰巨性、复杂性及难度。

第二节　水资源开发利用情势

一、现状水利工程情况

新中国成立以来，松辽流域水利工程建设发展迅速。尤其是 21 世纪以来，各类蓄水、引水、提水、调水和机电井工程等建设成绩斐然，有效保障了全流域经济社会的可持续快速发展。截至 2016 年，松辽流域已建在建大型蓄水工程 103 座，总库容 940.35 亿 m³。其中，松花江区已建在建大型蓄水工程 53 座，总库容 505.79 亿 m³；辽河区已建在建大型蓄水工程 50 座，总库容 434.55 亿 m³。引调水工程 30 处，其中跨一级区 3 处，跨二级区 3 处。地下水取水井 1399.81 万眼，其中规模以上机电井 68.27 万眼，主要分布在西辽河、嫩江、松花江。从机电井分布密度看，松辽流域地下水取水井分布密度为 11 眼/km²，其中平原区分布密度约为 21 眼，山丘区分布密度约为 7 眼。流域现状水利工程情况见表 2-6。

二、现状供水量及变化情势

（一）现状供水量

2016 年松辽流域供水总量为 714.35 亿 m³，占全国供水总量的 11.8%。其中，地表水供水量为 379.12 亿 m³，占松辽流域供水总量的 53.1%；地下水供水量为 329.65 亿 m³，占松辽流域供水总量的 46.1%；其他水源供水量为 5.58 亿 m³，占松辽流域供水总量的 0.80%。

表 2-6   松辽流域现状水利工程情况

分区		大型蓄水工程		引提水工程/处	地下水井/万眼			
		数量/座	总库容/亿 m³		规模以上	规模以下	人力井	小计
松花江区	嫩江	14	160.66	7	13.70	129.82	90.74	234.26
	松花江南源	13	211.9	6	4.52	118.59	41.97	165.08
	松花江干流	14	96.91	1	13.64	153.54	62.36	229.54
	松花江界河	12	36.32	2	4.17	28.56	22.12	54.85
	小计	53	505.79	16	36.03	430.51	217.19	683.73
辽河区	西辽河	9	25.49	0	16.55	87.08	36.29	139.92
	东辽河	2	18.93	0	0.94	41.44	12.63	55.01
	辽河干流	7	25.54	2	5.18	144.15	40.91	190.24
	浑太河	4	59.34	1	2.11	53.18	27.36	82.65
	辽河界河	28	305.25	11	7.45	185.15	55.66	248.26
	小计	50	434.55	14	32.23	511	172.85	716.08
合计		103	940.35	30	68.27	941.51	390.03	1399.81
省（自治区）	黑龙江省	31	150.01	6	21.14	195.59	110.53	327.26
	吉林省	21	295.84	9	13.27	243.01	95.45	351.73
	辽宁省	37	344.92	14	14.27	367.1	116.03	497.4
	内蒙古自治区	14	149.58	1	19.26	131.53	66.35	217.14
	河北省	0	0	0	0.33	4.28	1.67	6.28

松花江区供水总量为 511.32 亿 m³。其中，地表水供水量为 287.73 亿 m³，占松花江区供水总量的 56.3%；地下水供水量 221.75 亿 m³，占松花江区供水总量的 43.4%；其他水源供水量 1.83 亿 m³，占松花江区供水总量的 0.3%。辽河区供水总量为 203.06 亿 m³。其中，地表水供水量为 91.41 亿 m³，占辽河区供水总量的 45.0%；地下水供水量为 107.89 亿 m³，占辽河区供水总量的 53.1%；其他水源供水量为 3.74 亿 m³，占辽河区供水总量的 1.9%。具体结果见表 2-7。

表 2-7   2016 年松辽流域供水量   单位：亿 m³

分区		地表水供水量					地下水供水量			其他水源供水量	合计
		蓄水工程	引水工程	提水工程	调水工程	小计	浅层水	深层承压水	小计		
松花江区	嫩江	10.86	29.75	36.50	0.00	77.11	50.29	1.62	51.91	0.50	129.52
	松花江南源	19.55	6.18	25.53	0.00	51.26	15.65	0.11	15.76	0.63	67.65
	松花江干流	26.89	39.69	39.15	0.00	105.73	75.27	0.50	75.77	0.47	181.97
	松花江界河	10.08	25.49	18.06	0.00	53.63	78.31	0.00	78.31	0.24	132.17
	小计	67.38	101.11	119.24	0.00	287.73	219.52	2.23	221.75	1.84	511.32

分区		地表水供水量					地下水供水量			其他水源供水量	合计
		蓄水工程	引水工程	提水工程	调水工程	小计	浅层水	深层承压水	小计		
辽河区	西辽河	1.95	5.02	0.48	0.00	7.45	43.95	0.00	43.95	0.55	51.95
	东辽河	1.27	1.81	0.08	0.00	3.16	4.79	0.00	4.79	0.00	7.95
	辽河干流	6.71	1.63	4.95	1.07	14.36	23.26	0.26	23.52	0.65	38.53
	浑太河	15.81	7.48	6.24	3.63	33.16	18.97	0.11	19.08	1.26	53.5
	辽河界河	12.44	5.35	6.78	8.71	33.28	16.56	0.01	16.57	1.28	51.13
	小计	38.18	21.29	18.53	13.41	91.41	107.53	0.38	107.91	3.74	203.06
合计		105.56	122.4	137.77	13.41	379.14	327.05	2.61	329.66	5.58	714.38
省（自治区）	黑龙江省	42.01	67.62	83.68	0.00	193.31	165.51	1.96	167.47	1.01	361.79
	吉林省	28.71	19.51	36.19	0.30	84.71	44.05	0.28	44.33	0.63	129.67
	辽宁省	32.21	13.69	16.39	13.11	75.4	56.04	0.37	56.41	3.19	135
	内蒙古自治区	2.63	21.36	1.47	0.00	25.46	61.08	0.00	61.08	0.75	87.29
	河北省	0.00	0.22	0.04	0.00	0.26	0.37	0.00	0.37	0.00	0.63

（二）供水量变化情势

2000—2016 年，松辽流域供水总量呈现持续增长态势，从 2000 年供水总量 598.81 亿 m³ 增至 2016 年 714.35 亿 m³，累计新增 115.54 亿 m³。其中松花江区供水总量累计新增 115.69 亿 m³，辽河区供水总量总体上保持基本稳定。具体结果见表 2-8。

表 2-8　　　　　　　　松辽流域 2000—2016 年供水量变化

分区	年份	供水量/亿 m³			
		地表水	地下水	其他水源	合计
松花江区	2000	231.68	163.77	0.16	395.62
	2005	223.04	155.34	0.00	378.38
	2010	255.91	200.52	0.10	456.53
	2016	287.72	221.76	1.83	511.31
辽河区	2000	90.90	111.90	0.39	203.19
	2005	81.32	108.97	0.77	191.06
	2010	91.95	114.94	1.78	208.67
	2016	91.40	107.89	3.75	203.04
合计	2000	322.58	275.67	0.55	598.81
	2005	304.36	264.31	0.77	569.44
	2010	347.86	315.46	1.88	665.20
	2016	379.12	329.65	5.58	714.35

三、现状用水量及变化情势

（一）现状用水量

2016 年松辽流域用水总量为 714.35 亿 m³。其中，生活用水量为 60.2 亿 m³，占松辽流域用水总量的 8.4%；工业用水量为 70.79 亿 m³，占松辽流域用水总量的 9.9%；农业用水量为 560.59 亿 m³，占松辽流域用水总量的 78.5%；生态用水量为 22.77 亿 m³，占松辽流域用水总量的 3.2%。

松花江区用水总量为 511.31 亿 m³。其中，生活用水量为 29.26 亿 m³，占松花江区用水总量的 5.7%；工业用水量为 43.77 亿 m³，占松花江区用水总量的 8.6%；农业用水量为 422.89 亿 m³，占松花江区用水总量的 82.7%；生态用水量为 15.40 亿 m³，占松花江区用水总量的 3.0%。辽河区用水总量为 203.04 亿 m³。其中，生活用水量为 30.95 亿 m³，占辽河区用水总量的 15.2%；工业用水量为 27.02 亿 m³，占辽河区用水总量的 13.4%；农业用水量为 137.69 亿 m³，占辽河区用水总量的 67.8%；生态用水量为 7.38 亿 m³，占辽河区用水总量的 3.6%。具体结果见表 2-9。

表 2-9　　　　　　　　　　2016 年松辽流域用水量　　　　　　　　　单位：亿 m³

分　区		农业	工业	生活	生态	合计
松花江区	嫩江	104.45	14.21	6.64	4.21	129.51
	松花江南源	43.30	14.46	7.21	2.68	67.65
	松花江干流	160.02	9.88	11.30	0.77	181.97
	松花江界河	115.12	5.22	4.11	7.74	132.19
	小计	422.89	43.77	29.26	15.40	511.31
辽河区	西辽河	44.10	3.52	3.23	1.10	51.95
	东辽河	5.94	0.95	0.96	0.09	7.94
	辽河干流	31.83	2.44	3.57	0.69	38.53
	浑太河	29.16	9.46	11.51	3.36	53.49
	辽河界河	26.66	10.65	11.68	2.14	51.13
	小计	137.69	27.02	30.95	7.38	203.04
合计		560.58	70.79	60.2	22.78	714.35
省（自治区）	黑龙江省	319.01	22.82	17.32	2.60	361.75
	吉林省	89.87	21.34	12.66	5.81	129.68
	辽宁省	84.65	19.44	25.22	5.69	135.00
	内蒙古自治区	66.5	7.18	4.94	8.67	87.29
	河北省	0.56	0.01	0.06	0.00	0.63

（二）用水量变化情势

2000—2016 年，松辽流域用水总量呈现持续增长态势，从 2000 年用水总量 593.72 亿 m³ 增至 2016 年的 714.35 亿 m³，累计新增 120.63 亿 m³。其中松花江区用水总量累计新增 120.78 亿 m³，辽河区总体上保持基本稳定。

随着松辽流域用水总量的变化，用水结构也发生一些改变。其中，生活用水比重呈现平缓递增趋势，从 2000 年的 7.8% 增加到 2016 年的 8.4%；工业用水比重呈现递减趋势，从 2000 年的 19.0% 下降到 2016 年的 9.9%；农业用水比重整体呈现平缓递增趋势，从 2000 年的 73.0% 增加到 2016 年的 78.5%；生态环境用水比重呈现递增趋势，从 0.2% 增加到 3.2%。具体统计结果，见表 2-10。

表 2-10   松辽流域 2000—2016 年用水量变化

分　区	年份	用水量/亿 m³				
		生活	工业	农业	生态环境	合计
松花江区	2000	26.00	77.67	286.30	0.56	395.63
	2005	24.85	74.73	273.28	5.52	378.38
	2010	26.14	58.96	363.57	7.86	456.53
	2016	29.25	43.78	422.89	15.39	511.31
辽河区	2000	20.27	35.06	146.99	0.87	203.19
	2005	19.23	32.03	138.26	1.55	191.07
	2010	27.49	31.64	145.80	3.73	208.66
	2016	30.95	27.02	137.69	7.38	203.04
合计	2000	46.27	112.73	433.29	1.43	593.72
	2005	44.08	106.76	411.54	7.07	569.45
	2010	53.63	90.60	509.37	11.59	665.19
	2016	60.20	70.80	560.58	22.77	714.35

四、现状用水水平

2016 年松辽流域人均综合用水量为 591m³，比全国平均水平偏大 34.9%；万元 GDP 用水量为 119m³，比全国平均水平偏大 46.9%；万元工业增加值用水量为 33m³，比全国平均水平偏少 37.5%；亩均耕地灌溉用水量为 367m³，比全国平均水平偏少 3.4%；人均城镇日综合生活用水量 181m³，比全国平均水平偏少 17.7%；人均农村居民日生活用水量 67m³，比全国平均水平偏少 22.1%。

松花江区人均综合用水量为 794m³。其中，松花江界河人均用水量最大，为 1634m³；松花江南源最小，为 457m³。辽河区人均综合用水量为 359m³。其中，西辽河人均用水量最大，为 668m³；辽河界河最小，仅为 227m³。具体结果，见表 2-11。

表 2-11   松辽流域现状用水指标   单位：m³

分　区		人均综合用水量	万元 GDP 用水量	万元工业增加值用水量	亩均耕地灌溉用水量	人均城镇日综合生活用水量	人均农村居民日生活用水量
松花江区	嫩江	783	170	48	298	160	60
	松花江南源	457	68	35	408	175	73
	松花江干流	728	179	37	437	174	61
	松花江界河	1634	358	47	266	161	69
	平均	794	169	40	386	169	64

分　区		人均综合用水量	万元GDP用水量	万元工业增加值用水量	亩均耕地灌溉用水量	人均城镇日综合生活用水量	人均农村居民日生活用水量
辽河区	西辽河	668	142	25	227	168	67
	东辽河	345	66	20	267	155	81
	辽河干流	437	113	18	298	148	75
	浑太河	288	64	33	625	239	75
	辽河界河	227	43	25	582	174	72
	平均	359	71	26	305	194	72
省（自治区）	黑龙江省	952	225	48	416	170	59
	吉林省	475	85	34	332	170	72
	辽宁省	310	60	25	371	200	72
	内蒙古自治区	742	144	30	246	157	66
	河北省	190	59	3	268	71	52
松辽流域		591	119	33	367	181	67
全国		438	81	52.8	380	220	86
松辽流域比全国偏大（＋）、偏小（一）/%		34.9	46.9	−37.5	−3.4	−17.7	−22.1

第三节　水资源开发利用潜力

从流域整体来看，松辽流域水资源开发率[①]为35.8%，比国际公认的合理极限值偏低10.5%。其中，地表水开发率[②]为23.7%，平原区浅层地下水开采率为85.51%。由此看出，松辽流域地表水资源总体上尚有进一步大规模开发利用的潜力，浅层地下水总体上已无进一步开发利用的潜力。各流域水资源开发率差别比较大，其中松花江流域水资源开发率比国际公认的合理极限值偏低，辽河流域水资源开发率较高。其中，嫩江、松花江南源、松花江界河、辽河界河水资源开发率较低，未来尚有进一步开发利用潜力；松花江干流、西辽河、东辽河、辽河干流、浑太河水资源开发率较高，未来已无进一步开发利用潜力。松辽流域水资源开发率分布情况，见图2-11～图2-13。

按照国际公认标准和"国际人口行动"提出的《可持续水——人口和可更新水的供给前景》报告采用的人均水资源评价标准"少于1700m³为用水紧张国家，少于1000m³为缺水国家，少于500m³为严重缺水国家"，松辽流域水资源总体状况不容乐观，人均水资源量为1615m³，亩均水资源量为416m³，总体上属于中度缺水和用水紧张流域。尤其是辽河区人均水资源量仅为855m³，属于较严重缺水的流域。

---

① 水资源开发率采用2010—2016年多年平均供水量除以1956—2016年水资源总量确定。

② 地表水开发率采用2010—2016年多年平均地表水供水量除以1956—2016年地表水资源量确定。

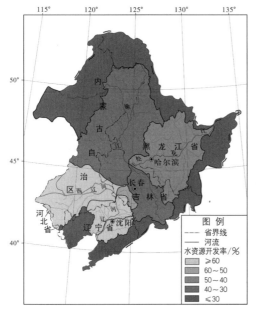

图 2-11 松辽流域水资源开发利用
程度分布图

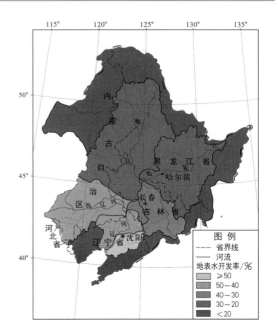

图 2-12 松辽流域地表水资源开发利用
程度分布图

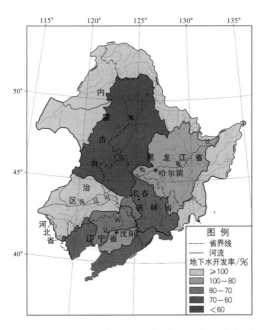

图 2-13 松辽流域平原区浅层地下水开发利用
程度分布图

根据缺水类型的划分标准，松辽流域总体上属于工程型缺水，局部区域和次级流域兼有资源型或污染型缺失。如：西辽河、东辽河、辽河干流和浑太河等二级流域主要属于资源型缺水，并兼有污染型缺水。因此，未来解决松辽流域的缺水问题，尤其是对于西辽河、东辽河、辽河干流、浑太河、嫩江和松花江干流等，需要在节水、治污和产业结构调整的基础上，进一步修建一批大型骨干水利工程，包括跨流域或区域引调水工程等。

第四节　水资源开发利用面临的问题与挑战

松辽流域水资源开发利用面临如下问题与挑战。

（1）水资源时空分布不均衡，与经济社会发展不协调、不匹配问题依旧严峻。受全球气候变化、温室气体和都市区热岛效应及我国季风气候等综合因素影响，松辽流域水资源时空分布不均，总体上呈现"北丰南歉，东多西少""边缘多，腹地少"的空间分布格局和"丰者更丰，歉者更歉"的演变态势，更进一步加大了松辽流域水资源优化配置和空间均衡的难度。全流域降水量和径流量东南部向西北部呈递减趋势，年际变化显著且年内分配集中，经常出现连续枯水年和连续丰水年的状况，导致水资源禀赋与人口、耕地、产业布局等经济社会发展要素不匹配，水资源供需矛盾突出，迫切需要在"节水优先"方针的指导下，加快实施产业结构调整和大型控制性枢纽工程、跨流域或跨区域调水工程，进一步强化水资源刚性约束和优化完善水资源配置总体格局及整体配置工程体系。

（2）水资源开发利用不平衡、不充分问题突出，水资源安全保障形势依然严峻，供水安全保障体系建设亟待加强。松辽流域水资源整体开发利用程度不高，尚未突破国际公认的合理极限值。但水资源开发利用不平衡和不充分问题同时存在，水资源安全保障形势依然严峻。有些流域水资源开发利用程度高，并伴随着河道断流、湖泊湿地萎缩和地下水超采等严重的生态问题，河湖湿地功能和地下水战略储备功能等严重衰退；而有些流域水资源开发利用程度低，由于缺少必要的水利工程，特别是缺乏骨干性蓄引提调水工程，大量优质界河水资源白白流入大海，其开发利用规模依然很小，目前尚未实现"应引尽引、应用尽用、应灌尽灌"目标。全流域各省区、各市县大多尚未考虑规划建设应急水源和战略储备水源，现有的城乡供水安全保障体系建设亟待加强和完善提高。

（3）大中型灌区存在设施老化失修、灌溉保障程度低和利用效率不高等问题，亟须开展生态型现代化灌区提升、续建配套和节水改造及井改渠等工程建设。改革开放以来，松辽流域有效灌溉面积从 1980 年的 4851 万亩增至 2000 年的 9307 万亩，到 2010 年、2016 年分别增至 15447 万亩、18786 万亩，其中耕地灌溉面积（农田实灌面积）由 1980 年的 3410 万亩增至 2000 年的 8837 万亩，到 2010 年、2016 年分别增至 14600 万亩、17941 万亩，增幅是很大的。尤其是随着城镇化、工业化的迅猛发展，非农业用水规模急剧增加，导致大量为农业灌溉修建的蓄引提工程逐步转而给城镇和工业供水，造成大量引水渠系闲置或转而凿井灌溉。另外，随着国家和各级政府对农业投入的不断减少，也导致灌区设施老化、维修不及时或无资金维修和无资金配套、节水改造等问题，造成一方面农户自筹资金打井灌溉和大量超采地下水，另一方面优质地表水资源特别是界河水资源引用严重不足的尴尬局面。因此，迫切需要加大国家对农业投入、对"北大仓"建设投入，加快实施蓄引提调水工程建设和生态型现代化灌区提升、续建配套和节水改造及井改渠等工程建设，以确保国家粮食安全和缓解地下水超采状况，促进和支撑全流域生态保护和高质量发展。

（4）河湖（水库）水质优良比例明显提高，河湖水系连通性差；污水处理及再生利用规模不足，水污染防治压力仍然较重，水环境状况亟待提高。目前，松辽流域河湖（水库）水质状况有了很大改善，水质优良比例和水功能区达标率明显提高。但随着全流域城镇化、新型工业化和现代农业的快速发展，以及水源调整及涵养和保护需要等，已划定的水功能区及确定的保护目标不能满足与适应新时代生态保护和高质量发展的要求。目前，河湖水系连通性较差、连通能力较弱，无法实现河湖水系生态水量在时空上相互调剂和互为补充，现状水功能区水质状况亦不容乐观。因此，未来迫切需要在优化调整和补充划定河湖水功能区的基础上，合理制定水功能区水质管理目标，加强河湖生态水系整治和连通工程建设，持续改善和提升水质状况。

近年来，松辽流域不断加强污水处理厂及再生水利用工程建设，城镇污水和工业废水处理率及再生水利用率逐渐提高，化学需氧量、氨氮污染物入河量明显下降。但与新时代生态文明建设和社会发展要求相比，城镇污水和工业废水实际处理率及再生水利用率严重偏低，由此导致大量未经处理和经处理达标后的废污水及农村生活、养殖污水、农田退水等直接排放入河湖，既浪费了宝贵的可再生水源，又增加河湖水环境风险、对全流域水资源安全保障构成严重威胁，水环境状况亟待提高。

（5）水生态恶化局面初步遏制，水生态治理和修复任务仍然艰巨。1980—2000 年期间，松辽流域发生断流的河流有 22 条，包括松花江区 6 条河流，辽河区 16 条河流；2000—2016 年期间，松辽流域发生断流的河流有 41 条，包括松花江区 18 条河流，辽河区 23 条河流。总体上看，2000 年以来，松辽流域河流断流年份、断流天数呈现增加的态势，断流对其下游工农业生产和生态环境及生物多样性保护等构成不同程度的威胁。

松辽流域现有湖泊面积 6158 km^2，已干涸的湖泊共计 43 个。

松辽流域现状地下水超采区面积 1.03 万 km^2。其中，松花江区超采区面积 951km^2，辽河区超采区面积 9331km^2。近年来，随着地下水开发利用的严格管控与资源保护措施的有效实施，松嫩平原哈尔滨、大庆等地下水漏斗已呈稳定或回升状态；深层承压水开采量持续减少，超采状况呈现好转趋势。但白城、绥化北部（庆安县、绥棱县、克东县等）等浅层地下水超采状况仍未有缓解迹象，并有进一步加剧的趋势。总体来看，松辽流域自然水循环过程受到人类活动不同程度影响和破坏，社会水循环体系尚未健全和完善，局部区域或次级流域水资源持续衰减、水土资源开发失衡、湖泊年际间变化剧烈、湿地萎缩、河道断流、地下水局部超采等日益凸显，水生态恶化局面虽已得到初步遏制但尚未得到根本性扭转，水生态治理和修复任务仍十分艰巨。

第三章　水资源刚性约束指标体系与管控策略

第一节　水资源刚性约束制度解析

　　党的十八大以来，习近平总书记站在实现中华民族永续发展和国家安全的战略高度，多次就水资源保护和节约集约利用作出重要指示，提出"节水优先、空间均衡、系统治理、两手发力"的治水思路[①]；提出"要坚持以水定城、以水定地、以水定人、以水定产，把水资源作为最大的刚性约束，合理规划人口、城市和产业发展，坚决抑制不合理用水需求，大力发展节水产业和技术，大力推进农业节水，实施全社会节水行动，推动用水方式由粗放向节约集约转变"[②]。2020 年 10 月党的十九届五中全会，明确要求建立水资源刚性约束制度[③]。如何将"把水资源作为最大的刚性约束"重要指示精神落到实处，谋划流域水资源管理工作新思路和新举措，切实为当前和今后一个时期流域水资源管理等奠定良好基础，为国家水安全保障事业筑牢坚实根基，显得十分重要和紧迫。

　　众所周知，近年来我国围绕推动建立并落实水资源刚性约束制度，从严从细管好水资源，水利部相继提出不同阶段的水资源管理工作部署。如 2020 年度，以黄河流域为重点，着重提出和推进黄河流域水资源超载地区暂停新增取水许可工作，实施黄河流域"以水而定、量水而行"水资源监管等；2021 年度，围绕做好水资源刚性约束制度的顶层设计、严格落实水资源论证和取水许可管理、强化水资源刚性约束制度建立等工作要点开展；2022 年度，推动建立水资源刚性约束制度，完善水资源管理考核制度，进一步强化水资源刚性约束制度。2020—2022 年水资源刚性约束制度工作要点摘录见表 3-1。

表 3-1　　　　　2020—2022 年水资源刚性约束制度工作要点摘录

年度	工作要点	任务条目及名称	具　体　内　容
2020 年	管住用水	9. 推进黄河流域水资源超载地区暂停新增取水许可	提出黄河流域水资源超载地区清单，制定对水资源超载地区暂停新增取水许可的政策措施，明确取水许可禁限批的实施范围、项目类型、具体措施等。水资源超载地区要严格执行取水许可禁限批政策，强化水资源的刚性约束作用

---

① 水利部编写组. 深入学习贯彻习近平关于治水的重要论述. 人民出版社，2023.

② 习近平. 在黄河流域生态保护和高质量发展座谈会上的讲话. 中国政府网，2019-10-15.

③ 中共中央关于制定国民经济和社会发展第十四个五年规划和二〇三五年远景目标的建议. 中国政府网，2020-11-03.

续表

年度	工作要点	任务条目及名称	具 体 内 容
2020 年	管住用水	10. 实施黄河流域以水而定、量水而行水资源监管	编制并实施黄河流域以水而定、量水而行水资源监管方案。黄委和流域内各省级水行政主管部门要加大工作力度，尽快完成流域内各地市的可用水量确定，建立健全水资源刚性约束指标体系；通过取用水管理专项整治、对超载地区暂停新增取水许可、强化水资源监测等措施，落实水资源刚性约束要求；对水资源过度开发利用的河流和地区，督促开展治理工作
	加强研究	23. 认真开展黄河流域重要问题研究	贯彻习近平总书记在黄河流域生态保护和高质量发展座谈会上的重要讲话精神，做好黄河流域"把水资源作为最大的刚性约束"、黄河流域坚持量水而行原则、黄河流域农业灌溉规模控制、气候变化对黄河流域水资源影响等重要问题研究
2021 年	着力推进水资源刚性约束制度建立	1. 做好水资源刚性约束制度的顶层设计	落实党的十九届五中全会关于建立水资源刚性约束制度要求，研究水资源刚性约束制度内涵与要求，梳理水资源管理法律法规和政策制度，起草建立水资源刚性约束制度文件，提出水资源刚性约束制度的框架、水资源刚性约束指标体系、主要制度内容和具体措施要求等，充分征求意见，做好制度的顶层设计
	严格取用水管理	9. 严格水资源论证和取水许可管理	加强规划和建设项目水资源论证，进一步发挥水资源在区域发展、相关规划和项目建设布局中的刚性约束作用。强化取水许可事中、事后监管，依法查处超计划、超许可、取水计量不合规等未按规定条件取水行为。制定取水许可审批管理操作指南，规范取水许可审批管理。加强国家水资源信息管理系统运行维护管理，运用信息化手段提升取用水监管能力。开展《取水许可和水资源费征收管理条例》（修订）立法前期工作
2022 年	健全初始水权分配制度	1. 推动建立水资源刚性约束制度	贯彻落实党中央国务院关于建立水资源刚性约束制度的要求，认真做好水资源刚性约束制度顶层设计。做好宣传贯彻工作，制定实施方案，完成年度任务
	深化水资源管理改革	22. 做好水资源管理考核	按照水资源刚性约束要求完善考核内容，优化考核指标，改进考核机制，注重发挥流域管理机构的作用，更大程度发挥考核的激励鞭策作用，压实地方人民政府"四水四定"、水资源节约保护主体责任，以高质量考核促进高质量发展

采用知识图谱（knowledge graph）分析发现，自 2019 年以来，我国高频词汇主要涉及"刚性约束""水资源管理""水资源承载能力""水资源开发利用""水资源管理制度""用水总量""空间均衡""国土空间规划"等内容。具体情况见图 3-1。

水资源刚性约束指标体系是"刚性约束"的定量化对象，是水资源监管过程中的重要抓手。水资源刚性约束指标体系，既要明确可用水量及其合理分配方式，又要明确所辖流域或区域如何管控才能实现水资源集约利用。截至 2022 年，全国已累计批复 67 条跨省江河流域水量分配方案，为可用水量及其合理分配目标提供了刚性边界。按照水利部水资源刚性约束管控要求，水资源刚性约束指标应包括江河流域水量分配指标、重点河湖生态流量目标、地下水管控指标等，因此仅采用"可用水量作为约束边界"尚不足以满足和支撑水资源刚性约束管控要求，还需要尽快建立和形成一套普适性强，兼顾社会经济、生态等方面的水资源刚性约束指标体系，为水资源刚性约束制度的实施奠定良好基础。

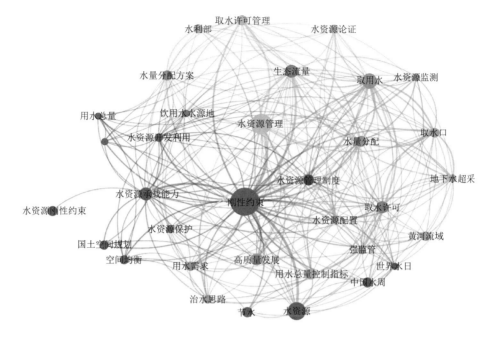

图 3-1　水资源刚性约束知识图谱

第二节　水资源刚性约束指标体系构建

一、水资源相关指标剖析

随着我国生态文明建设与高质量发展等重大战略推进，保障国家水资源安全具有基础性、控制性和先导性的作用。水资源具有"自然-社会"二元属性，自然属性涵盖量、质、域、流、温、生等要素，高频指标包括水资源开发率、生态基流等；社会属性反映与社会经济系统、生态系统的紧密联系，涵盖取水、用水、耗水、排水等要素，高频指标包括用水总量、万元国内生产总值用水量、农田灌溉水利用系数、万元工业增加值用水量等。为实现美丽中国建设、河湖健康评价、水生态空间管控等国家建设行动的评估，已提出水资源相关指标体系，评价对象的侧重点略有差异。具体情况见表 3-2。

就行政管理而言，水资源刚性约束指标体系作为流域、区域、河流水资源管理的重要抓手，主要从用水总量、用水效率、不同水源取水限制值以及主要河流断面下泄水量及流量等方面加以约束。其中，《水利部、国家发展改革委关于印发"十四五"用水总量和强度双控目标的通知》（水节约〔2022〕113 号）包含用水总量、非常规水源最低利用量、万元国内生产总值用水量下降率、万元工业增加值用水量下降率、农田灌溉水有效利用系数；各省（市）的流域水量分配方案明确了不同来水条件下各省（市）的水量分配份额，以及主要控制断面下泄水量、最小下泄流量管控指标等；《地下水管理条例》明确了地下水水量与水位双控指标等。

表 3 - 2   水 资 源 相 关 指 标

具体指标	单位	依据来源	具体指标	单位	依据来源
水资源开发率	%	河湖健康评估指标、标准与方法研究	地表水水质优良（达到或好于Ⅲ类）比例		美丽中国建设评估指标体系及实施方案
流量过程变异程度			地表水劣Ⅴ类水体比例		
生态用水保障程度			地级及以上城市集中式饮用水水源地水质达标率		
水土流失治理程度			用水总量	万 m³	水生态空间管控指标体系构建
排污口布局合理程度			地下水开采控制量	万 m³	
水体整洁程度			再生水利用率	%	
水质优劣程度			万元国内生产总值用水量	m³	
底泥污染状况			农田灌溉水利用系数		
水功能区达标率	%		万元工业增加值用水量	m³	
防洪标准达标率	%	幸福河湖评价指标体系	城镇供水管网漏损率	%	
洪涝灾害经济损失率	%		生态基流	m³/s	
洪涝灾害人员死亡率	ppm		敏感生态需水量	万 m³	
洪涝灾后恢复力指数	天		河道内最小生态用水量	万 m³	
城乡居民生活用水满足率	%		湖泊生态水位	m	
产业用水保证率	%		主要控制断面生态用水保证率	%	
水源地水质达标率	%		超采区地下水压采量	万 m³	
特殊情景下水源供给保障率	%		城市污水集中处理率	%	中国生态文明建设评价指标体系构建与发展策略研究
重要河湖生态流量达标率	%		人均日生活用水量	m³	承载力先导的"多规合一"指标体系思路探索
河湖主要自然生境保留率	%		工业万元增加值取水量	m³	
水生生物完整性指数			服务业万元增加值用水量	m³	
水土保持率	%		农田灌溉亩均用水量	m³	
河湖水质指数			农业灌溉用水有效利用系数		
江河湖泊重要水功能区水质达标率	%		河湖基本生态流量（水量、水位）	m³/s、m	
地下水资源保护指数			地下水位	m	
城乡居民亲水指数			地表水可用水量	亿 m³	水资源刚性约束指标体系构建及应用
近五年洪涝灾害年均损失率	%	我国水利现代化进程初步评估	地下水可用水量	亿 m³	
近五年干旱损害年均损失率	%		其他水源供水量	亿 m³	
城市用水普及率	%		用水总量	亿 m³	
农村自来水普及率	%		农业用水量	亿 m³	
有效灌溉面积率	%		工业用水量	亿 m³	

续表

具体指标	单位	依据来源	具体指标	单位	依据来源
高效节水灌溉面积占有效灌溉面积比例	%		生活用水量	亿 m³	
万元 GDP 用水量	m³		生态环境用水量	亿 m³	
万元工业增加值用水量	m³		万元 GDP 用水量	m³	
农田灌溉水有效利用系数			万元工业增加值用水量	m³	
Ⅲ类以上河长比例	%		每公顷农田灌溉用水量	m³	
城市污水处理率	%		城市人均综合用水量	L/d	
水土流失治理强度	%				

二、指标体系设计原则

（一）科学性和系统性原则

指标体系整体性设计和单项指标的选取、计算与赋权必须遵循科学性原则，在确保理论基础扎实和对评价对象充分认知、深入分析的基础上，科学、合理地进行选取。围绕所涉及的经济、社会、政治、文化和自然等多领域，形成水资源指标体系的系统性构建，充分考虑多系统多因素的相互影响和相互制约，做到真实、客观衡量实际情况。

（二）定量化与可操作性原则

指标可量化是指标体系可操作的一个重要前提。除可定量化外，可操作性是指指标取值易于收集和计算，有利于减少主观臆断带来的误差。若想保证指标体系的可操作性，应选取代表性较强、公认度较高的指标，确保指标数据易于收集整理，并能够在未来较长一段时间内连续获得，便于横向和纵向比较。

（三）权威性和代表性原则

水资源刚性约束的重要指导意义在于确保指标体系的权威性。权威性主要体现在指标选取和指标数据来源上，应尽可能通过政府、统计局等官方渠道。

（四）地域特征性原则

由于我国南北方水资源禀赋条件差异大，各江河基本生态系统功能迥异，构建的指标体系需要考虑地域性特点。同时，内陆河与界河存在差别，基于合理维护国际河流开发权益，应以维护河流生态流量和界河周边生态环境为前提，适度开发界河资源。

三、水资源刚性约束指标体系确定

遵循上述原则，结合不同侧重的水资源刚性约束指标体系，选取用水总量控制、河流断面需水控制、用水效率控制等三大方面作为水资源刚性约束的目标层，并划分9个指标准则层。其目标层、定义、指标属性等见表3-3。

表 3-3 水资源刚性约束指标体系

目标层	指标层	单位	定　　义	指标属性
用水总量控制*	用水总量控制红线	亿 m³	指依据最严格水资源管理制度建立的水资源开发利用控制红线，细化至区域后，可用于区域用水总量的总体控制	约束性
	水资源可利用总量	亿 m³	指流域及河流水系可被河道外消耗利用的水资源量，对流域及河流水系国民经济用水消耗量的总体控制	约束性
河流断面需水控制	基本生态需水量	亿 m³	指维持河道基本生态功能的最小生态需水量，以重要河道断面为单位	约束性
	下泄水量	亿 m³	指控制断面经河道外需水配置后，河道内重要控制断面下泄水量的约束值	约束性
用水效率控制	城镇生活用水定额	L/（人·d）	指省级行政区或流域的用水强度，一般采用城镇生活用水定额、农村生活用水定额、万元 GDP 用水量、万元工业增加值用水量、农田灌溉定额等指标表征	约束性
	农村生活用水定额	L/（人·d）		
	万元 GDP 用水量	m³		
	万元工业增加值用水量	m³		
	农田灌溉定额	m³/亩		

＊指多年平均的概念。

第三节　水资源刚性约束指标体系确立

一、用水量管控指标

（一）内涵辨析

水资源对国民经济发展的重要性不言而喻，无论是立足于资源本身、还是管理者或用水户，均应重视水资源的可持续利用。由于我国水资源时空分布不均，且在水资源开发利用中存在诸多环节，"究竟能用多少？"问题一直未有明确定论。

用水总量控制红线是实现最严格水资源管理制度的抓手，可理解为政策性的用水总量控制指标，将其分解细化对强化水资源管理抓手具有重要促进作用。用水总量控制指标方案制订的工作重点是根据经济社会发展和生态环境保护的要求，按照实行最严格水资源管理制度对节约用水和保护水资源的要求，提出不同规划水平年供用水总量的控制目标，是阶段性管控任务，并非河流、流域或区域的水资源可利用的上限。例如，国家发展改革委、水利部、住房城乡建设部、工业和信息化部、农业农村部联合印发的《"十四五"节水型社会建设规划》，明确提出到 2025 年用水总量控制在 6400 亿 m³ 以内，这一指标具有阶段性管控意义。

水资源可利用总量控制指标是从资源利用角度，分析流域及河流水系可被河道外消耗利用的水资源量，对流域水系水资源开发利用程度的总体控制、水资源合理配置和水资源承载能力的研究具有实际意义。水资源可利用量主要包括地表水可利用量和地下水可开采量（扣除与地表可利用量重复部分）。其中，地表水资源可利用量指在可预见的时期内，统筹考虑生活、生产和生态环境用水，协调河道内与河道外用水的基础上，通过经济合理、技术可行的措施可供河道外一次性利用的最大水量（不包括回归水重复利用量）；地下水可开采量指在可预见的时期内，通过经济合理、技术可行的措施，在不引起生态环境恶化条件下允许从含水层中获取的最大水量。水资源可利用量理论上是指流域河道外"三生"用水消耗量的上限值。

（二）用水总量管控指标

根据《中共中央、国务院关于加快水利改革发展的决定》（中发〔2011〕1号）的要求和国务院关于《全国水资源综合规划（2010—2030年）》的批复意见，2020水平年，全国多年平均用水总量控制目标为6700亿 m^3；2030水平年，全国多年平均用水总量控制目标为7000亿 m^3，各水资源分区及各省级行政区的用水总量控制指标均以此作为控制条件分解协调确定。

全国2020年和2030年用水总量分别控制在6700亿 m^3 和7000亿 m^3 以内。松辽流域用水总量指标采用《全国水资源综合规划》的2020年、2030年配置总量与全国控制用水总量之比的折算系数，再分别乘以2020年、2030年松辽流域供水配置总量计算得到的结果。具体结果见表3-4。

表3-4 基于全国用水总量的松辽流域用水总量

年 份	全 国			松 辽 流 域		
	综合规划/亿 m^3	折算比例	用水总量/亿 m^3	综合规划/亿 m^3	折算比例	用水总量/亿 m^3
2020	6779	0.988	6700	791.85	0.988	782.9
2030	7113	0.984	7000	838.03	0.984	824.7

随着节水型社会建设稳步推进，我国用水总量指标已大幅削减，2021年印发的《"十四五"节水型社会建设规划》，明确提出到2025年用水总量控制在6400亿 m^3 以内。松辽流域用水总量指标在前述基础上进行折算，详见表3-5。考虑到松辽流域作为我国粮食安全重点保障区域，松辽流域用水总量管控指标占全国比例将进一步扩大，预计由现状年的11.7%提高至13%～15%，到2035年松辽流域用水总量管控指标（含非常规水）将达到941.97亿 m^3，2050年将达到1140.59亿 m^3。具体结果见表3-5。

表3-5 松辽流域用水总量控制指标 单位：亿 m^3

分 区		用水总量控制指标（含再生水）	
		2035年	2050年
松花江区	嫩江	181.12	201.58
	松花江南源	81.64	101.59
	松花江干流	218.17	239.16
	松花江界河	232.22	286.33
	小计	713.15	828.68

分 区		用水总量控制指标（含再生水）	
		2035 年	2050 年
辽河区	西辽河	53.26	63.86
	东辽河	10.35	15.29
	辽河干流	45.24	54.11
	浑太河	58.06	89.21
	辽河界河	61.91	89.44
	小计	228.82	311.91
合计		941.97	1140.59
省（自治区）	黑龙江省	515.53	577.28
	吉林省	165.93	210.12
	辽宁省	155.23	217.23
	内蒙古自治区	104.57	135.16
	河北省	0.71	0.80

（三）水资源可利用总量管控指标

1. 按照水资源调查评价结果确定

根据松辽流域第三次水资源调查评价成果，结合现有和规划蓄引提调水工程情况，确定松辽流域水资源可利用总量为 1007.38 亿 m³。其中，松花江区水资源可利用总量为 761.21 亿 m³；辽河区水资源可利用总量为 246.17 亿 m³。具体结果见表 3-6。

表 3-6　　　　　　　　　松辽流域水资源可利用总量　　　　　　　　单位：亿 m³

分 区		地表水可利用量	地下水可开采量	水资源可利用总量
松花江区	嫩江	123.32	73.51	189.33
	松花江南源	83.01	18.15	98.43
	松花江干流	174.06	78.31	235.37
	松花江界河	185.22	63.24	238.08
	小计	565.61	233.21	761.21
辽河区	西辽河	11.72	24.2	35.66
	东辽河	4.09	5.57	8.84
	辽河干流	16.32	26.65	41.55
	浑太河	30.03	20.6	42.64
	辽河界河	114.2	4.17	117.48
	小计	176.36	81.19	246.17
合计		741.97	314.4	1007.38
省（自治区）	黑龙江省	296.95	144.11	413.33
	吉林省	165.16	36.31	195.87
	辽宁省	127.54	50.07	166.38
	内蒙古自治区	151.29	81.79	229.5
	河北省	1.03	2.12	2.3

2. 按照水资源开发利用分区管控指标确定

松辽流域水资源各二级区流域现状水资源开发利用率差异较大，按照国际上约定俗成的40%水资源开发率上限计，本书定义了4个等级，当水资源开发率低于20%时，定义为极低开发利用区；当水资源开发率介于20%～30%之间时，定义为低开发利用区；当水资源开发率介于30%～40%时，定义为中开发利用区；当水资源开发率高于40%时，定义为高开发利用区。与腹地河流相比，界河周边由于人类活动干扰较少，水资源开发率较低。松辽流域水资源开发利用分区图，见图3-2。

（a）以地表水开发率划分类别　　　　　　　　（b）以水资源开发率划分类别

图3-2　松辽流域水资源现状开发利用分区图

由图3-2可知，若以二级区流域地表水开发率为基准分区时，仅西辽河、东辽河、辽河干流及浑太河均为高开发利用区；若以水资源开发率为基准分区时，则松花江干流也纳入到高开发利用区当中。因此，松辽流域存在三种情景，即：①地表水开发率≤40%时，水资源开发率>40%；②地表水开发率≤40%时，水资源开发率≤40%；③地表水开发率>40%时，水资源开发率>40%。

按照前面所述三种情景，以二级区流域地表水开发率40%为基准，可分为两种管控情况：①当地表水开发率≤40%时，则以地表水开发率40%为基准，确定地表水可供水总量管控指标；②当地表水开发率>40%时，则以地表水开发率维持现状为基准，确定地表水可供水总量管控指标。由于西辽河、辽河干流、浑太河地表水开发率分别为42%、50%、55%，均高于40%，其地表水可供水量以现状为基准。其他二级区均以地表水资源量的开发率40%控制地表水可供水量。地下水可供水量即为地下水可开采量。水资源可供水总量为地表水可供水量和地下水可开采量之和，2035水平年和2050水平年保持一致。

松辽流域水资源开发利用分区核算的地表水可供水量管控指标为 670.74 亿 m³。黑龙江省地表水可供水量管控指标为 272.57 亿 m³，吉林省地表水可供水量管控指标为 140.06 亿 m³，辽宁省地表水可供水量管控指标为 119.72 亿 m³，内蒙古自治区地表水可供水量管控指标为 137.45 亿 m³，河北省地表水可供水量管控指标为 0.95 亿 m³。

松辽流域水资源开发利用分区水资源可供水总量管控指标为 940.97 亿 m³。黑龙江省水资源可供水总量管控指标为 409.43 亿 m³，吉林省水资源可供水总量管控指标为 172.69 亿 m³，辽宁省水资源可供水总量管控指标为 159.98 亿 m³，内蒙古自治区水资源可供水总量管控指标为 198.57 亿 m³，河北省水资源可供水总量管控指标为 1.30 亿 m³。具体结果见表 3-7。

表 3-7　　　　　　　　　水资源开发利用分区可供水总量管控指标

分　区		地表水开发率基准/%	按开发利用分区核算的地表水可供水量/亿 m³	地下水可开采量/亿 m³	水资源可供水总量/亿 m³
松花江区	嫩江	40	106.72	73.51	172.73
	松花江南源	40	65.92	18.15	81.34
	松花江干流	40	139.88	78.31	201.19
	松花江界河	40	187.16	63.24	240.02
	小计/平均	40	499.68	233.21	695.28
辽河区	西辽河	42	9.40	24.20	35.34
	东辽河	40	3.26	5.57	8.01
	辽河干流	50	19.39	26.65	44.62
	浑太河	55	34.86	20.60	50.29
	辽河界河	40	104.16	4.17	107.43
	小计/平均	43	171.07	81.19	245.69
合计/平均		41	670.75	314.40	940.97
省（自治区）	黑龙江省	—	272.57	144.11	409.43
	吉林省	—	140.06	36.31	172.69
	辽宁省	—	119.72	50.07	159.98
	内蒙古自治区	—	137.45	81.79	198.57
	河北省	—	0.95	2.12	1.30

二、耗水量管控指标

根据《松辽流域水资源公报》（2010—2019）成果，松辽流域多年平均耗水总量为 428.13 亿 m³，平均耗损率为 0.62。其中，松花江区多年平均耗水总量为 295.59 亿 m³，平均耗损率 0.60；辽河区多年平均耗水总量为 132.54 亿 m³，平均耗损率 0.66。各二级区平均耗损率情况见图 3-3。

地表水允许损耗量与各跨省界河流地表水用水量及平均耗损率密切相关，嫩江、松花江干流、西辽河、东辽河、辽河干流水量分配方案中均对地表水允许损耗量予以明确。具体结果见表 3-8。

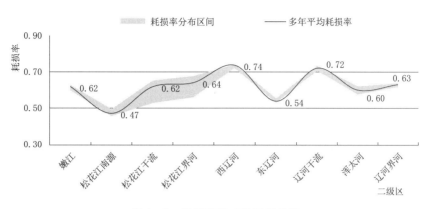

图 3-3 松辽流域二级区耗损率

表 3-8　　　　　　　　松花江与辽河流域地表水允许损耗量　　　　　单位：亿 m³

流域	2020 年（批复值）	2035 年（批复值）	2035 年（采纳值）	2050 年
嫩江	98.68	—	98.68	106.00
松花江南源	55.15	63.00	63.00	67.67
松花江干流	68.76	71.22	71.22	76.50
西辽河	—	13.98	13.98	15.02
东辽河	3.71	3.61	3.61	3.88
辽河干流	12.50	12.76	12.76	13.71

注　2035 年采纳 2035 年地表水允许损耗量成果；若无 2035 年数据，则采纳 2020 年地表水允许损耗量成果。2050 年地表水允许损耗量按照 2035 年地表水允许损耗量乘以 2050 年与 2035 年用水总量控制之比确定。

按照《水量分配暂行办法》（水利部令第 32 号）和《全国用水总量控制指标及跨省江河流域水量分配方案制订技术大纲（试行稿）》要求，地表水耗损量是结合流域实际和流域水量分配方案制定的，与基准年的社会经济发展水平、各行业用水水平、用水工艺密切相关，未来地表水允许耗损量应与流域战略定位相适应，会随着用水需求变化而变化。因此，已批复的地表水允许损耗量可供规划年的耗水总量管控基准做参考，但应有所调整。

根据确定的总体目标，到 2035 年松辽流域用水总量管控指标为 942 亿 m³。其中，黑龙江省用水总量管控指标为 516 亿 m³，吉林省用水总量管控指标为 166 亿 m³，辽宁省用水总量管控指标为 155 亿 m³，内蒙古自治区用水总量管控指标为 104 亿 m³，河北省用水总量管控指标为 1 亿 m³。到 2050 年松辽流域用水总量管控指标为 1141 亿 m³。其中，黑龙江省用水总量管控指标为 577 亿 m³，吉林省用水总量管控指标为 210 亿 m³，辽宁省用水总量管控指标为 218 亿 m³，内蒙古自治区用水总量管控指标为 135 亿 m³，河北省用水总量管控指标为 1 亿 m³。

按照各分区多年平均耗损率预测耗水量管控指标，到 2035 年松辽流域耗水总量管控指标为 603.15 亿 m³。其中，黑龙江省耗水总量管控指标为 330.10 亿 m³，吉林省耗水总量管控指标为 106.25 亿 m³，辽宁省耗水总量管控指标为 99.39 亿 m³，内蒙古自治区耗水总量管控指标为 66.96 亿 m³，河北省耗水总量管控指标为 0.45 亿 m³；到 2050 年松辽流域耗水总量管控指标为 731.69 亿 m³。其中，黑龙江省耗水总量管控指标为 370.32 亿

m^3，吉林省耗水总量管控指标为 134.79 亿 m^3，辽宁省耗水总量管控指标为 139.35 亿 m^3，内蒙古自治区耗水总量管控指标为 86.72 亿 m^3，河北省耗水总量管控指标为 0.51 亿 m^3。具体结果见表 3-9。随着松辽流域战略定位调整和社会经济发展，允许损耗量应做出适应性调整。

表 3-9 松辽流域耗水量控制指标 单位：亿 m^3

分区		耗水总量控制指标	
		2035 年	2050 年
松花江区	嫩江	112.29	124.99
	松花江南源	48.98	60.95
	松花江干流	135.27	148.28
	松花江界河	148.62	183.25
	小计	445.16	517.47
辽河区	西辽河	39.41	47.26
	东辽河	6.83	10.09
	辽河干流	32.57	38.96
	浑太河	38.32	58.88
	辽河界河	40.86	59.03
	小计	157.99	214.22
合计		603.15	731.69
省（自治区）	黑龙江省	330.10	370.32
	吉林省	106.25	134.79
	辽宁省	99.39	139.35
	内蒙古自治区	66.96	86.72
	河北省	0.45	0.51

三、河流断面需水管控指标

（一）最小生态环境流量

水利部办公厅《关于印发"十四五"时期复苏河湖生态环境实施方案的通知》（办资管〔2021〕376 号）和《水利部关于复苏河湖生态环境的指导意见》（水资管〔2021〕393 号）提出，到 2025 年辽河被挤占的河湖生态用水得到一定退还，松花江干流及主要支流生态流量保障程度显著提升，实现断流河流、萎缩干涸湖泊的生态修复；推进西辽河流域治理，结合上游来水情况，按照西辽河道下泄水量管控目标，积极推进西辽河干流河道生态流量下泄工作，推动 5 个控制断面逐步实现下泄水量目标，回补地下水，逐步复苏西辽河生态环境。

根据水利部批复松辽流域 17 条河流的流域水量分配方案，梳理了 24 个主要生态控制断面不同时期最小生态流量。具体结果见表 3-10。

表 3-10　　　　主要生态控制断面最小生态流量及基本生态需水量

河流	控制断面	最小生态流量/(m³/s)			最小生态环境需水量/万 m³		
		12月—次年3月（冰冻期）	4—5月，10—11月（非汛期、非冰冻期）	6—8月（汛期）	12月—次年3月（冰冻期）	4—5月，10—11月（非汛期、非冰冻期）	6—8月（汛期）
嫩江	大赉	35	35	35	119600	119600	239300
松花江南源	扶余断面	100	100	100	156400	156400	159000
松花江干流	哈尔滨	250	250	250	391000	391000	5291000
	佳木斯	290	290	290	—	—	—
诺敏河	古城子	2.65	31.28	31.28	2774	32974	49461
阿伦河	那吉	—	—	—	6692（全年）		
音河	音河水库	—	—	—	85（全年）		
绰尔河	两家子	6.4	6.4	19.2	—	—	—
雅鲁河	雅鲁河干流省界	0.48	4.09	4.09	502	4311	12934
	碾子山	0.56	7.67	7.67	584	13526	20289
	济沁河省界	0.23	1.3	1.3	240	1370	2738
	景星	0.01	1.23	1.23	10	1297	23345
洮儿河	察尔森水库	2.53	5.06（5月），2.53	5.06	—	—	—
	干流省界（镇西）	2.53	5	7.5	—	—	—
霍林河	霍林河科右前旗段	2.34	2.34	2.34	0.35	0.35	1.16
	霍林河前郭段	1.39	1.39	1.39	0.12	0.12	3.47
拉林河	磨盘山水库	0.5	0.5	0.5	—	—	—
	友谊坝	0.5	9.08	18.16	—	—	—
	拉林河出口	0.5	11.23	22.46	—	—	—
牡丹江	大山咀子	1.16	13.86	13.86	1200	14600	21900
	长江屯	1.33	40.99	40.99	1400	61300	92000
西辽河	梅林庙	—	—	—	1200（全年）		
	台河口闸	—	—	—	12100（全年）		
	甸子	—	—	—	1800（全年）		
东辽河	二龙山水库	2.88	2.88	4.45	7700	7700	7700
	王奔	4.98	4.98	7.45	13100	13100	13100
辽河干流	辽中	2.83	14.17	14.17	300	27800	41700
	蒙辽省界	0.8	0.8	0.8	840	840	1690

续表

河流	控制断面	最小生态流量/(m³/s)			最小生态环境需水量/万 m³		
		12月—次年3月（冰冻期）	4—5月，10—11月（非汛期、非冰冻期）	6—8月（汛期）	12月—次年3月（冰冻期）	4—5月，10—11月（非汛期、非冰冻期）	6—8月（汛期）
柳河	闹德海水库	0.8	0.8	0.8	836	843	1687
	流域出口	1.03	1.03	1.03	1077	1086	2171
大凌河	凌海	—	—	—	914.05（逐月）	1352.1（逐月）	14473（全年汛期）

（二）下泄水量

嫩江、松花江南源、松花江干流、西辽河、东辽河、辽河干流水量分配方案中明确各跨省界河流重要断面下泄水量见表3-11。2035水平年和2050水平年主要断面下泄水量保持一致。

表3-11　　　　　　　　　　　　　　重要断面下泄水量　　　　　　　　　　单位：亿 m³

二级区	断面	2020年（批复值）	2035年（批复值）	2035年和2050年（采纳值）
嫩江	尼尔基断面	106.88	—	106.88
	江桥断面	159.72	—	159.72
	白沙滩断面	152.53	—	152.53
	流域出口	143.73	—	143.73
松花江南源	海龙水库坝上断面	0.87	0.87	0.87
	流域出口	109.07	101.71	101.71
松花江干流	哈尔滨断面	296.42	286.14	286.14
	佳木斯断面	505.72	491.81	491.81
洮儿河	察尔森水库	—	6.87	6.87
	干流省界断面（镇西）	—	8.73	8.73
	蛟流河省界断面	—	1.43	1.43
霍林河	白云胡硕	—	2.34	2.34
	街基断面（省界断面）	—	1.39	1.39
西辽河	冀蒙英金河省界	—	0.76	0.76
	甸子水文站	—	1.25	1.25
	冀蒙省界	—	1.09	1.09
	西辽河出口	—	3.32	3.32
东辽河	二龙山水库坝下	3.21	3.38	3.38
	王奔	4.10	4.33	4.33
	流域出口	3.85	4.08	4.08

续表

二级区	断面	2020 年 （批复值）	2035 年 （批复值）	2035 年和 2050 年 （采纳值）
辽河干流	吉辽省界	1.64	1.56	1.56
	蒙辽省界	1.82	1.61	1.61
	辽河干流出口	27.84	27.20	27.20

注　2035 年采纳值为 2035 年重要断面下泄量成果；若无 2035 年，则采纳 2020 年下泄量成果。

（三）河流断面水量管控指标

以重要河流断面已批复的河道下泄量和断面基本生态需水量为依据，确定生态需水管控指标。具体结果见表 3-12。嫩江、松花江南源、松花江干流、西辽河、东辽河、辽河干流流域出口管控指标分别为 143.73 亿 m³、101.71 亿 m³、491.81 亿 m³、3.32 亿 m³、4.08 亿 m³、27.20 亿 m³。

表 3-12　　　　　　　　　　生 态 需 水 管 控 指 标　　　　　　　　单位：亿 m³

二级区	断面	2035 年和 2050 年下泄量 （采纳值）	基本生态 需水量	生态需水 管控指标
嫩江	尼尔基	106.88		106.88
	江桥	159.72	47.85	159.72
	白沙滩	152.53		152.53
	流域出口	143.73		143.73
松花江南源	海龙水库坝上断面	0.87		0.87
	流域出口	101.71	47.18	101.71
松花江干流	哈尔滨断面	286.14	607.30	607.30
	佳木斯断面/流域出口	491.81		491.81
西辽河	冀蒙英金河省界	0.76		0.76
	甸子水文站	1.25		1.25
	冀蒙省界	1.09		1.09
	西辽河出口	3.32		3.32
东辽河	二龙山水库坝下	3.38	2.31	3.38
	王奔	4.33	3.93	4.33
	流域出口	4.08		4.08
辽河干流	吉辽省界	1.56		1.56
	蒙辽省界	1.61	0.34	1.61
	辽河干流出口	27.20		27.20

四、用水效率管控指标

以松辽流域现状年用水水平为基础，考虑东北振兴等一系列决策部署的实施，地区经济持续向好发展，人民生活水平不断提高，农业灌溉水平不断提升，但灌溉制度有所调整，旱田向水田的战略部署持续增强，未来水资源消耗强度管控指标也将进一步提升，以适应经济发展新常态和落实供给侧结构性改革。具体情况见表3-13。

表3-13　　　　　　　　　　　　　　松辽流域用水效率控制指标

分区/分省		2035年				2050年			
		城镇生活定额/[L/(人·d)]	农村生活定额/[L/(人·d)]	万元工业增加值用水量/m³	农田灌溉定额/(m³/亩)	城镇生活定额/[L/(人·d)]	农村生活定额/[L/(人·d)]	万元工业增加值用水量/m³	农田灌溉定额/(m³/亩)
松花江区	嫩江	127	90	33	276	137	109	28	277
	松花江南源	134	84	26	358	144	115	21	361
	松花江干流	140	83	27	341	150	120	22	342
	松花江界河	139	88	32	383	149	118	27	383
辽河区	西辽河	113	75	19	177	123	98	15	179
	东辽河	131	89	18	293	141	113	12	304
	辽河干流	132	83	16	297	142	114	12	300
	浑太河	138	83	24	461	148	118	17	470
	辽河界河	132	79	21	230	142	114	17	249
省（自治区）	黑龙江省	126	93	31	341	148	114	26	344
	吉林省	124	99	24	326	145	117	19	334
	辽宁省	123	95	20	306	144	115	15	315
	内蒙古自治区	103	93	24	210	123	104	21	210
	河北省	74	70	2	249	87	79	2	250

五、用水总量及耗水总量管控指标确定

综上，用水量管控指标、水资源开利用分区管控指标均是立足于用水指标管控，支撑水资源考核工作的重要指标。

2035年用水总量管控指标按照"界河流域在用水量管控指标和水资源开利用分区管控指标中取大值、腹地流域两者之间取小值"的原则确定，考虑到2050年我国"全面建成富强民主文明和谐绿色的社会主义现代化国家"远景目标，2050年管控指标按照"界河和腹地流域在用水量管控指标和水资源开利用分区管控指标两者之间均取大值"确定。耗水量管控指标按用水量与综合耗水系数乘积预测得到。

经分析，最终确定到2035年松辽流域用水总量、耗水总量管控指标分布为1018.04亿m³和603.15亿m³，到2050年松辽流域用水总量、耗水总量管控指标分别为1108.72亿m³、731.69亿m³。具体管控指标见表3-14。

分区	水资源二级区	管控指标			
		用水总量管控指标		耗水总量管控指标	
		2035 年	2050 年	2035 年	2050 年
松花江区	嫩江	181.12	197.44	112.29	124.99
	松花江南源	81.64	99.28	48.98	60.95
	松花江干流	218.17	228.78	135.27	148.28
	松花江界河	258.45	286.33	148.62	183.25
	小计	739.38	811.83	445.16	517.47
辽河区	西辽河	41.63	43.61	39.41	47.26
	东辽河	9.38	10.08	6.83	10.09
	辽河干流	45.24	48.75	32.57	38.96
	浑太河	52.03	58.56	38.32	58.88
	辽河界河	130.38	135.89	40.86	59.03
	小计	278.66	296.89	157.99	214.22
合计		1018.04	1108.72	603.15	731.69
省（自治区）	黑龙江省	487.43	508.03	330.10	370.32
	吉林省	188.64	209.91	106.25	134.79
	辽宁省	169.88	199.24	99.39	139.35
	内蒙古自治区	170.04	189.34	66.96	86.72
	河北省	2.05	2.20	0.45	0.51

表 3 – 14　　　　　　　　　　松辽流域用水总量及耗水总量管控指标　　　　　　　　　单位：亿 m³

第四节　水资源刚性管控思路、路径与策略

一、水资源刚性管控思路

围绕全面提升流域水资源刚性管控能力这一总体目标，结合水利发展的实际情况，进一步解构为四个次级目标：一是加强顶层设计，建立水资源刚性管控"制度束"体系；二是健全管控指标体系，强化总量强度双控管理抓手；三是依托国家水网建设，推进水资源集约节约利用有序实施；四是锚定生态流量保障目标，修复河湖生态环境健康。

（一）加强顶层设计，建立水资源刚性管控"制度束"体系

以水资源作为最大刚性约束为重点，在已有水量分配、定额管理、水资源调度、取水许可管理、水资源计量，水权交易制度、水资源费（税）征收和使用管理、水价制度等"制度束"基础上，建立水资源承载能力评价制度、用水权初始分配制度、规划水资源论证制度、生态流量保障制度、用水总量控制制度、闲置取用水指标处置制度、政府有偿出让取水权制度等，构建起相互联结、环环相扣的水资源最大刚性约束"制度束"。

（二）健全管控指标体系，强化总量强度双控管理抓手

松辽流域以松花江、辽河、界河流域为主水网脉络，北水南调、东水西引、三江连通

等工程形成南北连通、东西互济、边水济腹跨流域调水系统。在严控总量方面,细化分解国家下达黑龙江省、吉林省、辽宁省、内蒙古自治区及河北省的用水总量和效率管控指标,建立最严格水资源管理制度联席会议制度,以联席会议文件形式下达各设省市,全面构建以用水总量、万元国内生产总值和工业增加值用水量为核心的总量强度指标体系。在细分水源方面,严格落实16个重点河湖水量分配方案,以省为单元明确地下水总量管控指标和水位管控指标,用水总量管控指标进一步细化到全省重要河湖和水源。在产业结构调优方面,严格落实流域"三梯次"总体思路与布局,坚持因地制宜、发挥优势和突出特色的原则,优化经济区域布局,逐步形成区域化、专业化、规模化、集约化的产业带、产业集群和产业聚集区,将流域产业分区划分为东西南北中"五大区",坚持对水源结构和用水结构调整实施"两手抓",调整工农业产业结构,提高农业供水保障程度,退还社会经济挤占生态用水,持续压减地下水,增加非常规水源利用能力。

(三)依托国家水网建设,推进水资源集约节约利用有序实施

加快构建流域/区域水资源配置工程体系、因地制宜完善城乡一体化供水工程网络、加强现有大中型灌区续建配套和改造、积极新建一批现代化灌区。充分挖掘现有调蓄工程供水潜力、加快重点水源工程建设、加强应急水源及战略储备水源建设。提高工程建设和运行管理水平,充分发挥工程效益,包括加强工程建设管理、推进工程数字孪生和智慧化建设、增强科技支撑能力、提高运行调度水平、健全运行管理机制,推动和保障我国中国式现代化建设。

(四)锚定生态流量保障目标,修复河湖生态环境健康

推进解决松西辽河流域河道断流、吉林省西部湖泊湿地萎缩等问题,强化补水河湖水量、水质、水生态监测与分析;明确松辽流域各省(自治区)断流萎缩河湖排查和修复名录,强化重要河湖生态流量目标确定,加强重大调水工程水资源调度和生态流量日常监管,推进河湖重要控制断面的监测预警能力建设;实行地下水取水总量、水位控制,建立地下水储备制度,推进西辽流域地下水超采治理。

二、水资源刚性管控路径

针对水资源刚性管控中面临的"有多少""怎么管""谁来管"等问题,提出五条管控路径:一是明晰水资源承载能力上限,有"账"可查;二是建立总量和强度双约束机制,有"章"可循;三是加快推进实时用水动态监测体系,有"迹"可寻;四是确立水资源最大刚性约束制度,有"法"可依;五是强化保障最大刚性约束落地落实监管,有"目"皆视。

(一)有"账"可查

评估流域水资源承载能力上限。供给侧,结合综合流域和区域地表水、地下水、外调水、非常规水等多种水源的可利用量,摸清水资源的供给总量;需求侧,结合区域人口规模、产业结构、生态环境等多方需求摸清流域区域的水资源。供给双侧,预测未来水资源供需情势,强化水资源承载能力对经济社会发展的刚性约束,从而合理确定经济社会发展结构和规模,研究谋划充分考虑节水潜力、坚决抑制不合理用水需求的水资源合理配置战略格局。

(二)有"章"可循

建立用水总量、人均用水量、单位国内生产总值水资源消耗量、农业灌溉系数、生态流量等总量强度管控体系，建立务实管用的覆盖主要农作物、工业产品和生活服务业的用水定额体系，以用水定额目标约束用水户用水行为，提高用水和节水管理水平。

（三）有"迹"可寻

加强水资源监控能力建设，对重要取水户、重要水功能区和大江大河省界断面全覆盖，提升在线监测水平，实时掌握来水、取水、用水和排水动态。建立流域水资源承载能力监测预警体系，对接近或超过水资源承载能力的地区进行预警。

（四）有"法"可依

通过立法立规强化、实化最大刚性约束力，积极推动水资源利用与管理制度法治化。加强用水定额和计划管理，强化城市新区、产业园区、重大产业布局等重大规划及建设项目水资源论证，严格限制耗水产业布局，推动建立超用水量的退减机制。大力发展节水产业和技术，实施全社会节水行动，促进经济社会发展与水资源承载能力相协调。

（五）有"目"皆视

强化水资源问题导向和目标导向，推动建立高层次的监管机构，严格监督管理，将监管结果与地方首长的考核结合起来，用严明的生态环境保护责任制度和强有力的监管确保最大刚性约束的落地落实。

三、松辽流域分区管控策略

针对松辽流域水资源界河多腹地少分布特点，以及流域/区域发展与水资源分布不匹配等问题，以水资源二级区为基础，对照流域分区水资源刚性指标，划分水资源分区管控边界，提出与刚性管控指标相适应的分区管控策略。

（一）分区管控指标增量策略

鉴于松辽流域地域特点，界河水资源丰沛、人口稀疏和产业发展滞后，水资源开发仍有较大潜力，腹地人口、产业密集，水资源开发相对饱和，故应优先考虑界河地表水资源合理开发，同时涵养和优化调整腹地地下水作为应急水源或战略储备水源。

到 2035 年松辽流域用水量管控指标为 1018.04 亿 m^3，与现状年相比新增 303.69 亿 m^3；到 2050 年松辽流域用水量管控指标为 1108.72 亿 m^3，与现状年相比新增 394.37 亿 m^3。二级区规划年与现状年用水量管控指标对比，见图 3-4。

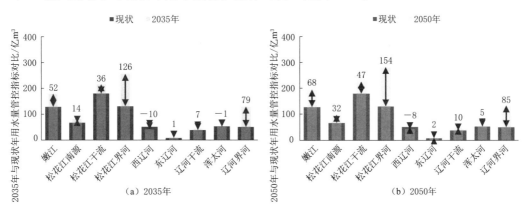

图 3-4　二级区规划年与现状年用水量管控指标对比

到 2035 年松辽流域耗水量管控指标为 713.40 亿 m³，与现状年相比新增 285.27 亿 m³；到 2050 年耗水量管控指标为 880.42 亿 m³，与现状年相比新增 452.29 亿 m³，高于用水量增量，说明用水效率进一步提升。具体结果见图 3-5。

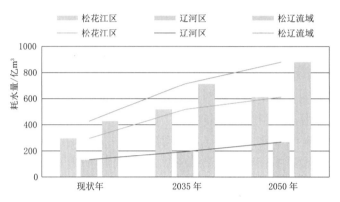

图 3-5 松辽流域各水平年耗水量管控指标对比

（二）分区管控指标增量空间差异性策略

考虑到松辽流域各分区用水量管控（图 3-6）指标差异明显，以单位面积用水增量为基础绘制散点密度图，区域散点越密集，表示单位面积的用水增量越大；反之则越小。具体结果见图 3-7。

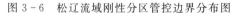

图 3-6 松辽流域刚性分区管控边界分布图　　图 3-7 单位面积用水增量散点密度图

从图 3-7 看出，界河用水增量空间较大，北部界河以保护和修复生态环境、提供生态产品为首要任务，建议因地制宜地发展不影响主体功能定位的适宜产业；东部界河以农业生产为主，围绕粮、猪、禽等结构，实现"藏水于地"战略；腹地用水量管控指标增量空间较小，松花江流域用水增量空间高于辽河流域，其中西辽河、浑太河流域已无增量空间，未来社会经济发展主要依靠节水和产业结构转型实现。

（三）面向管控指标的分区管控策略

面向管控指标的分区管控策略是实施水资源差异化管理顶层设计的重要遵循。水资源刚性分区管控主要依据水的涵养性、对经济发展的支撑性、生态要素的关键性、水资源储备的前瞻性、水资源调配的可行性，提出满足国家安全战略、区域协调发展战略和主体功能区战略的分区管控策略。按照用水量管控指标增减趋势，划分为大幅增（$\geqslant 10$ 亿 m^3）、中幅增（介于 5 亿～10 亿 m^3）、小幅增（介于 0～5 亿 m^3）、小幅减（介于 0～10 亿 m^3）、大幅减（$\geqslant 10$ 亿 m^3）等 5 类分区管控策略。具体结果，见图 3-8。

（1）充分挖潜本地地表水，建设松花江界河及嫩江、松花江干流地表水源工程，包括十六道岗水库、连环湖水库等 6 座大型水库，尽快实施大幅增加地表水供给策略；持续挖潜实施松花江南源地表水挖潜策略，中幅度增加地表水供给；实施其他区域多水源联合调控，在已有地表水源工程基础上，小幅增加地表水供给。

（2）合理压采地下水，实施以松花江界河、嫩江、松花江干流、辽河干流为压采对象的地下水开采管控，主要通过增加地表水和外调水供水规模，有效减缓地下水开采强度；对于地表水资源有限、地下水超采严重的西辽河等，大力实施地下水压采，以外调水为替代水源。

（3）大力提升非常规水利用能力，结合各区发展规模，实施规模化非常规水利用工程建设，重点在嫩江、松花江干流布局。

（4）合理布局外调水工程，未来满足松辽流域用水需求，大力推进跨流域调水工程建设，逐步形成松辽流域"九横八纵"水资源配置总体格局。

（a）地表水

（b）地下水

图 3-8（一） 松辽流域水源开发利用分区管控策略

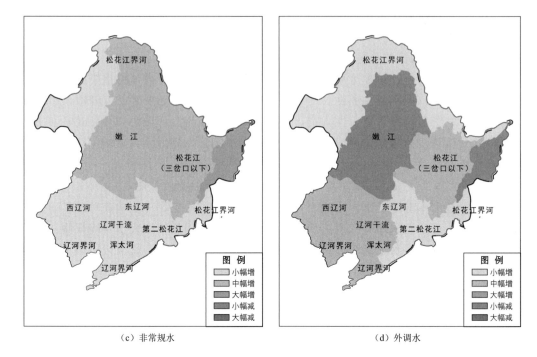

（c）非常规水　　　　　　　　　　　（d）外调水

图 3-8（二）　松辽流域水源开发利用分区管控策略

第四章 生态保护与高质量发展用水需求分析

第一节 生态保护与高质量发展战略布局

一、主体功能区战略布局

《全国主体功能区规划》中，松辽流域从国家层面上构建"两横三纵"为主体的城市化战略格局、"七区二十三带"为主体的农业战略格局、"两屏三带"为主体的生态安全战略格局，是我国国土空间开发的战略性、基础性和约束性规划。

（1）城市化战略格局中，环渤海区域是国家层面优化开发的主体功能区之一，其中辽中南地区（辽宁省中部和南部的部分地区）位于环渤海区域的北翼，功能定位为：东北地区对外开放的重要门户和陆海交通走廊，全国先进装备制造业和新型原材料基地，重要的科技创新和技术研发基地，辐射带动东北地区发展的龙头。流域内哈长地区为国家重点开发区域之一，位于"两横三纵"城市化战略格局中京哈京广通道纵轴的北端，是我国面向东北亚地区和俄罗斯对外开放的重要门户，全国重要的能源、装备制造基地，区域性原材料、石化、生物、高新技术产业和农产品加工基地，带动东北地区发展的重要增长极。

（2）东北平原农产品主产区是"七区二十三带"中的重要一区，规划建设以优质粳稻为主的水稻产业带，以籽粒与青贮兼用型玉米为主的专用玉米产业带，以高油大豆为主的大豆产业带，以肉牛、奶牛、生猪为主的畜产品产业带。

（3）"两屏三带"为主体的生态安全战略格局，以保护和修复生态环境、提供生态产品为首要任务，其中，东北森林带和北方防沙带发挥东北平原生态安全屏障作用；大小兴安岭森林生态功能区、长白山森林生态功能区具有完整的森林生态系统，是水源涵养型重点生态功能区；呼伦贝尔草原草甸生态功能区、科尔沁草原生态功能区是防风固沙型生态功能区；三江平原湿地生态功能区对于维持湿地生态系统类型多样、维护生物多样性方面具有重要作用。松辽流域主体功能区战略布局情况见图4-1。

二、"五大区"产业战略布局

根据国家战略和松辽流域区域发展战略、主体功能区规划等，考虑水资源禀赋条件和区域比较优势，按照"三梯次"规划总体思路与布局，坚持因地制宜、发挥优势和突出特色的原则，优化经济区域布局，逐步形成区域化、专业化、规模化、集约化的产业带、产业集群和产业聚集区，将松辽流域产业分区划分为东西南北中"五大区"，分区域提出未来生态保护与高质量发展战略布局。松辽流域"五大区"产业战略布局情况，见图4-2。

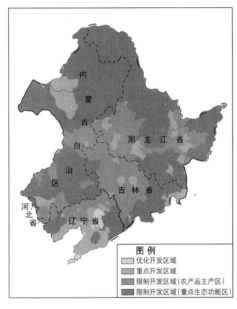
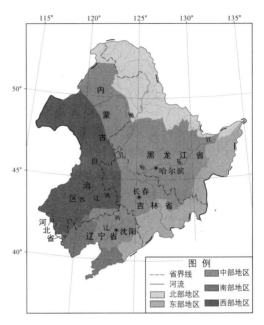

图 4-1 松辽流域主体功能区战略布局图　　图 4-2 松辽流域"五大区"产业战略布局图

（1）北部地区包括额尔古纳河、黑龙江、嫩江尼尔基水库以上等区域，为东北地区生态屏障，要以保护和修复生态环境、提供生态产品为首要任务，因地制宜地发展不影响主体功能定位的适宜产业，引导超载人口逐步有序转移。

（2）东部地区包括乌苏里江、鸭绿江、图们江、绥芬河、松花江干流下游（含三江平原）、松花江南源丰满水库以上等区域，东部地区多山，降水充沛，水资源丰富，农业生产以水稻为中心的粮、猪、禽结构，通过黑龙江省重点引水工程建设，扩大水稻种植面积，建立稻谷-大豆主产区。

（3）中部地区包括嫩江尼尔基水库以下、松花江干流上中游、松花江南源丰满以下的松嫩平原以及辽河干支流、浑太河下游的辽河平原等区域。区域内以黑土带为中心的玉米-养畜带已经形成，是我国最主要的玉米、大豆和肉乳生产基地，建设以优质粳稻为主的水稻产业带，以籽粒与青贮兼用型玉米为主的专用玉米产业带，以高油大豆为主的大豆产业带，以肉牛、奶牛、生猪为主的畜产品产业带。区内哈长城市群包括黑龙江省的哈大齐（哈尔滨、大庆、齐齐哈尔）工业走廊和牡绥（牡丹江、绥芬河）地区以及吉林省的长吉图经济区，功能定位是：我国面向东北亚地区和俄罗斯对外开放的重要门户，全国重要的能源、装备制造基地，区域性原材料、石化、生物、高新技术产业和农产品加工基地，带动东北地区发展的重要增长极。

（4）南部地区包括大凌河、小凌河、碧流河、大洋河等独流入海河流的东北沿黄渤海诸河，定位为：巩固水稻生产，提高果产业，发展水产业。

（5）西部地区包括西辽河、大兴安岭以西、嫩江干流下游的洮儿河、霍林河等区域，为半干旱、半湿润区，属农牧交错带，生产方式要改农牧结合以农为主为农牧结合以牧为主，实行牧区繁殖，农区育肥，整合区域资源优势。

第二节　水生态保护目标及管控指标

一、水生态保护目标

鉴于松辽流域现状存在的河湖水系连通性差、污水处理及再生水利用规模不足、河道断流、湿地萎缩、地下水局部超采等问题，根据国家发展战略和生态文明、美丽松辽建设目标，通过修建跨流域河湖生态水系连通工程和万里绿水长廊工程，以及湖库-河渠-灌域组成的"点-线-面"回灌补源工程等，重要河湖生态水量全部得到保障，全流域河湖水质状况及生物多样性得到全面改善和提升，重要河湖实现"有水的河湖"向"流动的河湖""生态的河湖"飞跃，最终实现"河湖生态美丽、地下水动态全域恢复"等目标，重现东北谚语里"棒打狍子瓢舀鱼，野鸡飞到饭锅里"的北大荒原生态美景。

（一）近期（2017—2035 年）目标

（1）以实施河湖生态水系连通工程和万里绿水长廊工程建设及地下水回灌补源为重点，重要河湖生态水量全部得到保障，重要河湖实现"有水的河湖"向"流动的河湖"飞跃，地下水动态止跌回升，重要湖泊湿地（国家级湿地）面积恢复到 20 世纪 70 年代末水平，重点区域地下水位明显回升，全流域生态环境状况得到明显改善和提升。

（2）通过新建和扩建城乡污水处理及再生水利用工程，确保全流域污水收集率及处理率均达到 90％以上，规模以上污水处理厂全部执行一级 A 标准，其中第一梯次规模以上污水处理厂率先执行地表水准Ⅳ类标准；全流域再生水利用率达到 50％以上，其中第一梯次再生水利用率达到 80％以上；主要河湖水质状况及生物多样性得到显著改善，全流域地表水水质较好（达到或优于Ⅳ类）比例总体达到 80％以上。

（二）远期（2036—2050 年）目标

（1）全面建成集"水质净化-水景观-地下水回灌补源"等功能于一体的河湖生态水系，重要河湖实现"流动的河湖"到"生态的河湖"飞跃，主要湖泊湿地（国家级、省地市级湿地）面积恢复到 20 世纪 70 年代末水平，重现北大荒原生态美景；地下水动态全面回升，重要区域地下水动态回升到 20 世纪 70 年代末水平。

（2）通过新建和扩建或提质全流域城乡污水处理及再生水利用工程，确保全流域污水收集率及处理率均达到 95％以上，第一梯次限制开发区和第二梯次部分优化开发区规模以上污水处理厂均执行地表水准Ⅳ类标准，全流域再生水利用率达到 75％以上，其中第一梯次限制开发区再生水利用率达到 90％以上，全流域河湖水质状况及生物多样性得到全面改善和提升，地表水水质较好（达到或优于Ⅳ类）比例总体达到 95％以上。

二、水生态管控指标

根据水利部批复的 17 条跨省江河生态流量保障目标和松辽委印发实施的 17 条跨省江河生态流量保障实施方案，松花江流域生态保护需求类型包括维持河流基本形态、基本生态廊道、基本自净能力、鱼类生境、湿地生态等。生态功能定位主要为生物多样性保护，生态保护需求类型主要为湿地生态维持、鱼类生境维持及河流廊道功能维护，敏感生态保护对象包含国家Ⅰ级、Ⅱ级重点保护鸟类、珍稀濒危鱼类等、湿地生态系统及珍稀水禽、小兴安岭山地的三江平原生态过渡带湿地生态系统及栖息的濒危水禽、江河、岛屿等湿地水域生态系统及珍稀濒危野生动植物以及乌苏里拟鲿、细鳞斜颌鲴等鱼类产卵场等。辽河流域水生态保护对象以维持河流基本形态、基本生态廊道、基本自净能力等为主。河流廊道是包括陆地、植物、动物及其内部河流网络的复杂生态系统,作为一个整体,发挥着重要的生态功能,如调节流速、调蓄水资源、移除有害物质以及提供水生和陆生动植物栖息地等。17 条跨省江河 36 个控制断面的生态流量保障目标见表 4-1。

表 4-1 松辽流域重点河湖生态流量保障目标

流域	河流	考核断面	生态流量保障目标
松花江区	松花江干流	哈尔滨	250m³/s
		佳木斯	290m³/s
	嫩江	尼尔基水库	35m³/s
		江桥	35m³/s
		大赉	35m³/s
	松花江南源	丰满水库	经永庆水库调节后的最小下泄流量161m³/s,其中生态基流 100m³/s
		扶余断面	100m³/s
	诺敏河	古城子	只考核汛期和非汛期生态流量目标 非汛期(5月):31.28m³/s 汛期(6—9月):31.28m³/s 冰冻期(12月—次年3月):2.65m³/s
	绰尔河	文得根水库坝下	文得根水库建成前:无生态流量目标。 文得根水库建成后: 汛期:6月 19.32m³/s,7月 22.65m³/s,8月 21.13m³/s,9月 17.68m³/s 非汛期:4月 14.27m³/s,5月 17.44m³/s,10月、11月 5.8m³/s 冰冻期:12月—次年3月均为 5.2m³/s(当入库流量小于生态流量时,按天然来水下泄,最小下泄流量不小于90%保证率最枯月流量 1.28m³/s)
		两家子	文得根水库建成前: 生态水量: 汛期 20238 万 m³ 非汛期 6746 万 m³ 冰冻期 1855 万 m³ 全年 28839 万 m³ 文得根水库建成后: 生态流量: 汛期 6月 21.36m³/s,7月 25.05m³/s,8月 23.36m³/s,9月 19.55m³/s 非汛期:4月 15.78m³/s,5月 19.28m³/s,10月、11月 6.41m³/s 冰冻期:12月—次年3月均为 5.2m³/s
	雅鲁河	碾子山	只考核汛期和非汛期生态流量目标 非汛期(5月):2.97m³/s 汛期(6—9月):6.10m³/s 冰冻期(12月—次年3月):0.5m³/s
	拉林河	磨盘山水库	0.5m³/s
		牛头山水文站(友谊坝)	冰冻期(12月—次年3月):0.5m³/s 非汛期(4—5月、10—11月):9.08m³/s 汛期(6—9月):9.08m³/s
		蔡家沟	冰冻期(12月—次年3月):0.5m³/s 非汛期(4—5月、10—11月):11.23m³/s 汛期(6—9月):11.23m³/s

续表

流域	河流	考核断面	生态流量保障目标
松花江区	牡丹江	大山嘴子	生态基流： 冰冻期 1.16m³/s 非汛期 13.86m³/s 汛期 13.86m³/s
		镜泊湖水库	生态基流： 冰冻期 10.00m³/s 非汛期 20.00m³/s 汛期 20.00m³/s
		莲花水电站	生态基流： 冰冻期 23.26m³/s 非汛期 46.51m³/s 汛期 46.51m³/s
		长江屯	生态基流： 冰冻期 23.26m³/s 非汛期 46.51m³/s 汛期 46.51m³/s
	霍林河	白云胡硕	基本生态水量：3500 万 m³
	洮儿河	察尔森水库	生态基流： 冰冻期（12—3月）：2.53m³/s 非汛期（4—5月、10—11月）：5月为5.06m³/s，其他月份2.53m³/s 汛期（6—9月）：5.06m³/s
		干流省界 （镇西）	生态基流： 冰冻期（12月—次年3月）：2.53m³/s 非汛期（4—5月、10—11月）：5m³/s 汛期（6—9月）：7.5m³/s
	音河	音河水库	按月控制生态水量： 非汛期（4—5月、10—11月）：32.25 万 m³ 汛期（6—9月）：182 万 m³
	阿伦河	那吉	生态基流： 5—9月：2.18m³/s
辽河区	辽河干流	清河水库	1.6m³/s
		柴河水库	1.00m³/s
		铁岭	生态基流： 冰冻期 2.03m³/s 非汛期 7.12m³/s 汛期 8.57m³/s
		辽中	生态基流： 冰冻期 1.08m³/s 非汛期 5.95m³/s 汛期 5.95m³/s

流域	河流	考核断面	生态流量保障目标
辽河区	东辽河	二龙山水库	生态基流： 4—5月：2.88m³/s 6—8月：4.45m³/s 9月—次年3月：1.45m³/s
		王奔	生态基流： 4—5月：4.98m³/s 6—8月：7.45m³/s 9月：4.45m³/s 10—11月：3.53m³/s 12月—次年3月：1.45m³/s
	柳河	闹德海水库	生态水量： 非汛期（4—5月、10—11月）：843万m³ 汛期（6—9月）：1687万m³
		新民	基本生态水量： 非汛期（4—5月、10—11月）：843万m³ 汛期（6—9月）：1687万m³
	大凌河	白石水库坝下	1. 辽宁省重点引水工程竣工验收前，不设定考核目标 2. 辽宁省重点引水工程竣工验收后，生态基流为3.97m³/s
		凌海	1. 辽宁省重点引水工程竣工验收前 （1）基本生态环境需水量 汛期6—9月：5408.4万m³ 非汛期4—5月、10—11月：5408.4万m³ 冰冻期12月—次年3月：3656.2万m³ 全年：14473万m³ （2）入海水量： 90%来水频率：6893万m³ 75%来水频率：9185万m³ 50%来水频率：62924万m³ 2. 辽宁省重点引水工程竣工验收后 （1）生态基流：汛期、非汛期、冰冻期均为3.97m³/s （2）基本生态环境需水量： 汛期6—9月：5408.4万m³ 非汛期4—5月、10—11月：5408.4万m³ 冰冻期12月—次年3月：3656.2万m³ 全年：14473万m³ （3）入海水量： 90%来水频率：6893万m³ 75%来水频率：9185万m³ 50%来水频率：62924万m³
	西辽河	梅林庙	最小下泄水量：全年：0.12亿m³
		台河口闸	最小下泄水量：全年：1.21亿m³
		甸子	最小下泄水量：全年：0.18亿m³

第三节　高质量发展目标及发展指标

一、高质量发展目标

党的二十大明确提出，中国共产党的中心任务就是全面建成社会主义现代化强国，实现第二个百年奋斗目标，以中国式现代化全面推进中华民族伟大复兴。总的战略安排是分两步走，从 2020 年到 2035 年基本实现社会主义现代化；从 2035 年到 21 世纪中叶把我国建成富强民主文明和谐美丽的社会主义现代化强国。要实现这一目标，到 2035 年，我国 GDP 总量要大致需要翻一番，人均 GDP 将达到发达国家水平 2 万美元左右；到 2050 年，我国 GDP 总量将稳居世界首位，占世界总量的 29%～37%，人均 GDP 将提高到中等发达国家水平 3 万～4 万美元。因此，要实现社会主义现代化强国目标，成为世界综合国力和国际影响力领先的强国，是有坚实基础和充分把握的。

松辽流域是我国重要的工业基地和农牧业基地，维护国家粮食安全、能源安全、产业安全、生态环境安全等战略地位十分突出。松辽流域横贯东北粮食主产区，不仅是北粮南运基地和维护国家粮食安全的"压舱石"，也是未来国家增加粮食产能的三大核心区之首，是国家实施振兴东北老工业基地战略的主战场。松辽流域高质量发展和中国式现代化建设是新时代松辽流域的首要任务，必须完整、准确、全面贯彻新发展理念，加快构建以国内大循环为主体、国内国际双循环相互促进的松辽流域新发展格局。

根据国家分两步走战略，结合松辽流域发展现状及未来总体发展定位和新时代新发展格局，确定松辽流域近、远期高质量发展目标。其中，近期（2017—2035 年）目标：人均 GDP 基本达到发达国家水平（2 万美元），城镇化率达到 70%，工业增加值维持在年均 4% 以上，灌溉面积达到 2 万亩；远期（2036—2050 年）目标：人均 GDP 基本达到中等发达国家水平（3 万～4 万美元），城镇化率达到 80%，工业增加值维持在年均 5% 以上，灌溉面积持续增加。

二、高质量发展指标

根据国家新时代新发展理念新发展格局和"一带一路"、乡村振兴、国家重点区域融合发展、东北振兴取得新突破、国家粮食安全等战略，松辽流域各省区"十四五"规划和 2035 年远景目标纲要、国土空间规划等，按照"三梯次"规划总体思路与布局，结合最新的国家计划生育政策和松辽流域主体功能区战略布局、"五大区"产业战略布局，分析松辽流域高质量发展态势，提出未来需水预测结果。

（一）人口与城镇化进程

人口是经济社会发展的基础性、全局性、长期性和战略性要素。2020 年 7 月，华盛顿大学健康指标与评估研究所（IHME）在《柳叶刀》杂志发表一则研究报告，关于"195 个国家和地区从 2017 年到 2100 年的生育率、死亡率、迁移和人口全景：全球疾病负担研究的预测分析"。研究预测，全球人口将在 2050 年达到 95.5 亿人，之后将转增为减，相比联合国经济社会事务部和人口司《世界人口展望 2019 版》人口峰值为 2100 年，人口转增为减的时间提前了 50 年。

城镇化成为表征一个国家非常重要的现代化体量的标尺，城镇化率 75% 是一个非常重要的标识，发达国家城镇化率一般为 75% 左右，欠发达国家或发展中国家一般不会高于 50%。2022 年 6 月 29 日，联合国人居署在最新发布的《2022 世界城市状况报告》中指出，全球快速的城镇化进程只是暂时被 2019 新冠疫情所耽误，全球城镇人口的增长正重回正轨，预计到 2050 年将新增 22 亿人，全球城镇人口将占总人口的 68%。

基准年 2016 年松辽流域常住人口为 1.21 亿人，占全国总人口 13.92 亿人的 8.69%。其中，松辽流域城镇人口为 7356 万人，占全国城镇人口 8.19 亿人的 8.98%；松辽流域城镇化率为 60.82%，是全国城镇化率 57.4% 的 1.06 倍，即比全国平均偏高近六个百分点。根据国家两步走发展战略和生态文明、中国式现代化建设目标，结合松辽流域及二级区各自特点和未来发展定位等，按中、高两种方案分析和预测松辽流域未来不同水平年人口及城镇化率发展指标。

中方案：到 2035 年松辽流域总人口为 1.23 亿人、城镇人口为 0.81 亿人、城镇化率为 66%；到 2050 年总人口为 1.24 亿人、城镇人口为 0.89 亿人、城镇化率为 72%。

高方案：到 2035 年松辽流域总人口为 1.50 亿人、城镇人口为 1.14 亿人、城镇化率为 76%；到 2050 年总人口为 1.78 亿人、城镇人口为 1.47 亿人、城镇化率为 82%。具体结果见表 4-2～表 4-4。

表 4-2　　　　　　　现状年松辽流域人口　　　　　单位：万人

分区		人口		
		城镇	乡村	合计
松花江区	嫩江	834	820	1654
	松花江南源	873	606	1479
	松花江干流	1392	1107	2499
	松花江界河	627	182	809
	小计	3726	2715	6441
辽河区	西辽河	357	421	778
	东辽河	104	126	230
	辽河干流	437	446	883
	浑太河	1235	275	1510
	辽河界河	1497	756	2253
	小计	3630	2024	5654
合计		7356	4739	12095
省（自治区）	黑龙江省	2249	1550	3799
	吉林省	1529	1203	2732
	辽宁省	2943	1412	4355
	内蒙古自治区	633	543	1176
	河北省	2	31	33

表 4-3   2035 年松辽流域人口   单位：万人

分区		中方案人口			高方案人口		
		城镇	乡村	合计	城镇	乡村	合计
松花江区	嫩江	953	696	1649	1334	613	1947
	松花江南源	998	514	1512	1397	453	1850
	松花江干流	1591	940	2531	2228	827	3055
	松花江界河	624	175	798	873	154	1027
	小计	4166	2325	6491	5832	2046	7878
辽河区	西辽河	389	377	765	544	331	875
	东辽河	113	113	226	159	99	258
	辽河干流	475	399	874	665	352	1017
	浑太河	1343	247	1590	1880	217	2097
	辽河界河	1642	666	2308	2299	587	2886
	小计	3962	1802	5764	5547	1586	7133
合计		8128	4127	12255	11379	3632	15011
省（自治区）	黑龙江省	2485	1333	3818	3480	1173	4600
	吉林省	1736	1034	2770	2431	910	3371
	辽宁省	3214	1251	4464	4498	1101	5616
	内蒙古自治区	691	482	1173	967	424	1389
	河北省	2	28	30	3	24	35

表 4-4   2050 年松辽流域人口   单位：万人

分区		中方案人口			高方案人口		
		城镇	乡村	合计	城镇	乡村	合计
松花江区	嫩江	1042	590	1632	1718	581	2299
	松花江南源	1092	436	1528	1799	380	2179
	松花江干流	1741	796	2537	2869	694	3563
	松花江界河	682	148	830	1124	129	1253
	小计	4557	1970	6527	7510	1784	9294
辽河区	西辽河	425	319	744	701	278	979
	东辽河	124	96	220	204	83	287
	辽河干流	520	338	858	857	295	1152
	浑太河	1469	209	1678	2421	182	2603
	辽河界河	1797	564	2361	2960	492	3452
	小计	4335	1526	5861	7143	1330	8473
合计		8892	3496	12388	14653	3114	17767

续表

分　区		中方案人口			高方案人口		
		城镇	乡村	合计	城镇	乡村	合计
省（自治区）	黑龙江省	2719	1130	3849	4482	1024	5506
	吉林省	1900	877	2777	3130	779	3909
	辽宁省	3515	1058	4573	5792	923	6715
	内蒙古自治区	755	408	1163	1245	368	1613
	河北省	3	23	26	4	20	24

（二）国内生产总值发展预测

2016 年松辽流域国内生产总值（GDP）为 5.99 万亿元，占全国 GDP 74.64 万亿元的 8.03%；松辽流域人均 GDP 为 4.96 万元，是全国人均 GDP 5.38 万元的 92.29%，即比全国平均偏低近八个百分点。根据国家两步走发展战略和生态文明、中国式现代化建设目标，结合松辽流域及二级区各自发展现状和未来发展定位等，按中、高两种方案分析和预测松辽流域未来不同水平年 GDP 及人均 GDP 发展指标。

中方案：到 2035 年 GDP 为 17.12 万亿元，2017—2035 年平均年增长率 5.4%；到 2050 年 GDP 为 22.19 万亿元，2036—2050 年平均年增长率 4.5%。

高方案：到 2035 年 GDP 为 23.94 万亿元，2017—2035 年平均年增长率 7.2%；到 2050 年 GDP 为 43.33 万亿元，2036—2050 年平均年增长率 5.8%。具体预测结果见表 4-5～表 4-7。

（三）工业增加值发展预测

2016 年松辽流域工业增加值为 2.13 万亿元，占全国工业增加值 24.54 万亿元的 8.66%。根据国家两步走发展战略和生态文明、中国式现代化建设目标，结合松辽流域及二级区各自发展现状和未来发展定位等，按中、高两种方案分析和预测松辽流域未来不同水平年工业增加值发展指标。

中方案：到 2035 年工业增加值为 4.62 万亿元，2017—2035 年平均年增长率 4.1%；到 2050 年工业增加值为 8.65 万亿元，2036—2050 年平均年增长率 4.1%。

高方案：到 2035 年工业增加值为 6.06 万亿元，2017—2035 年平均年增长率 5.4%；到 2050 年工业增加值为 12.23 万亿元，2036—2050 年平均年增长率 4.8%。具体预测结果见表 4-5～表 4-7。

（四）农业发展预测

松辽流域是我国重要的农业主产区，分布在松嫩平原、三江平原、辽河平原，2016 年流域农田有效灌溉面积 1.8 亿亩，主要种植水稻、玉米、大豆等作物。随着国家粮食安全战略实施，松辽流域耕地面积需求逐步增加，盐碱地等后备耕地面积不断扩大。

中方案到 2035 年总灌溉面积达到 2.1 亿亩，到 2050 年总灌溉面积达到 2.2 亿亩；高方案到 2035 年总灌溉面积达到 2.2 亿亩，到 2050 年总灌溉面积达到 2.3 亿亩。灌溉面积增长主要分布于松花江区的嫩江、松花江干流、黑龙江干流和乌苏里江流域。松辽流域二级区不同水平年灌溉面积预测结果见表 4-5～表 4-7。

表 4-5 现状年松辽流域 GDP 及灌溉面积

分 区		GDP/亿元	工业增加值/亿元	农田有效灌溉面积/万亩
		当年价	当年价	
松花江区	嫩江	7624	2966	4503
	松花江南源	9982	4123	1109
	松花江干流	10175	2692	4331
	松花江界河	3697	1111	3320
	小计	31477	10892	13263
辽河区	西辽河	3650	1437	2017
	东辽河	1195	486	228
	辽河干流	3402	1340	1062
	浑太河	8322	2827	490
	辽河界河	11894	4270	862
	小计	28463	10361	4660
合　计		59940	21253	17940
省（自治区）	黑龙江省	16065	4747	9834
	吉林省	15312	6292	2875
	辽宁省	22397	7791	2344
	内蒙古自治区	6060	2389	2865
	河北省	107	34	23

表 4-6 2035 年松辽流域 GDP 及灌溉面积

分 区		中 方 案			高 方 案		
		GDP/亿元	工业增加值/亿元	农田有效灌溉面积/万亩	GDP/亿元	工业增加值/亿元	农田有效灌溉面积/万亩
		当年价	当年价		当年价	当年价	
松花江区	嫩江	23774	6166	5147	31239	8203	5297
	松花江南源	22826	8571	1236	31010	11403	1303
	松花江干流	33846	5597	5329	46154	7445	5479
	松花江界河	10595	3266	4991	16258	4270	5237
	小计	91041	23600	16703	124661	31321	17316
辽河区	西辽河	11382	2986	2052	14891	3973	2156
	东辽河	3478	1011	233	4448	1344	245
	辽河干流	9194	2787	1082	15548	3707	1141
	浑太河	22493	5878	499	32066	7819	525
	辽河界河	33627	9897	920	47803	12431	966
	小计	80173	22558	4787	114756	29274	5034
合　计		171214	46158	21490	239417	60595	22349

续表

分区		中 方 案			高 方 案		
		GDP/亿元	工业增加值/亿元	农田有效灌溉面积/万亩	GDP/亿元	工业增加值/亿元	农田有效灌溉面积/万亩
		当年价	当年价		当年价	当年价	
省（自治区）	黑龙江省	46612	11187	12744	62986	14334	13203
	吉林省	43647	13418	3172	62167	18157	3306
	辽宁省	63973	16758	2400	90994	21407	2526
	内蒙古自治区	16680	4723	3150	22858	6605	3290
	河北省	303	71	23	413	92	24

表 4-7　　2050 年松辽流域 GDP 及农田有效灌溉面积

分区		中 方 案			高 方 案		
		GDP/亿元	工业增加值/亿元	农田有效灌溉面积/万亩	GDP/亿元	工业增加值/亿元	农田有效灌溉面积/万亩
		当年价	当年价		当年价	当年价	
松花江区	嫩江	34799	11105	5247	53293	15875	5386
	松花江南源	34623	15437	1336	54331	22067	1386
	松花江干流	53928	10079	5429	78607	14409	5599
	松花江界河	17952	6804	5491	28211	8483	5756
	小计	141302	43425	17503	214442	60835	18127
辽河区	西辽河	15915	5378	2152	21325	7689	2202
	东辽河	5308	2287	333	7370	2869	383
	辽河干流	18043	5018	1182	25645	7174	1232
	浑太河	37871	12585	599	65488	18132	649
	辽河界河	64015	17824	1120	98991	25557	1220
	小计	141152	43093	5387	218819	61421	5686
合计		282454	86518	22890	433261	122255	23812
省（自治区）	黑龙江省	55591	20147	13181	80018	27959	13580
	吉林省	69845	25043	3544	104375	35150	3756
	辽宁省	133468	32179	2761	214491	46175	2942
	内蒙古自治区	23089	9019	3379	33687	12788	3510
	河北省	463	128	24	686	183	25

　　畜牧业基地主要分布在西部高原、松嫩平原西部及部分林区草地，是放牧畜牧业区，并且农牧和林牧结合条件良好，是重要的羊、牛、马畜牧生产基地。呼伦贝尔市的三河牛和三河马，是闻名国内的良种。松嫩平原西部是东北红牛的商品生产基地，有良好的半农半牧饲养条件。养畜业发展较快，主要饲养猪、肉鸡、肉牛、奶牛等，并向专业化和规模

化方向发展。现状有大牲畜 1.25 亿头，预测到 2035 年饲养牲畜 1.6 亿头，2050 年饲养牲畜 2 亿头。

（五）高质量发展指标水平

1. 人均 GDP

到 2035 年，中方案松花江区、辽河区人均 GDP 接近 2 万美元；高方案松花江区、辽河区人均 GDP 接近 2.3 万美元，基本达到发达国家水平。

到 2050 年，中方案松花江区人均 GDP 接近 3.1 万美元，辽河区人均 GDP 达到 3.4 万美元；高方案松花江区人均 GDP 达到 3.3 万美元，辽河区人均 GDP 接近 3.7 万美元，基本达到中等发达国家水平。

人均 GDP 发展指标水平见表 4-8。

表 4-8　　　　　　　　　　人均 GDP 发展指标水平

分　区		人均 GDP/万元				人均 GDP/美元[①]			
		2035 年		2050 年		2035 年		2050 年	
		中方案	高方案	中方案	高方案	中方案	高方案	中方案	高方案
松花江区	嫩江	14.4	16.0	21.3	23.2	2.06	2.29	3.05	3.31
	松花江南源	15.1	16.8	22.7	24.9	2.16	2.39	3.24	3.56
	松花江干流	12.5	15.1	21.3	22.1	1.79	2.16	3.04	3.15
	松花江界河	13.3	15.8	21.6	22.5	1.90	2.26	3.09	3.21
	平均	13.7	15.8	21.6	23.1	1.96	2.26	3.09	3.30
辽河区	西辽河	14.9	17.0	21.4	21.8	2.13	2.43	3.06	3.11
	东辽河	15.4	17.2	24.1	25.6	2.20	2.46	3.45	3.66
	辽河干流	10.5	15.3	21.0	22.3	1.50	2.18	3.00	3.18
	浑太河	14.2	15.3	22.6	25.2	2.02	2.18	3.22	3.59
	辽河界河	14.6	16.6	27.1	28.7	2.08	2.37	3.87	4.10
	平均	13.9	16.1	24.1	25.8	1.99	2.30	3.44	3.69
平　均		13.8	15.9	22.8	24.4	1.97	2.28	3.26	3.48
省（自治区）	黑龙江省	12.1	13.7	14.5	14.8	1.72	1.96	2.08	2.12
	吉林省	15.6	18.4	25.0	26.3	2.22	2.63	3.58	3.76
	辽宁省	14.2	16.2	29.1	31.8	2.02	2.31	4.16	4.54
	内蒙古自治区	14.0	16.5	19.9	21.0	2.01	2.35	2.84	2.99
	河北省	10.0	11.8	16.0	17.6	1.42	1.69	2.28	2.51

①按汇率 1∶7 折算。

2. 其他指标

到 2035 年，中方案工业增加值年均增长率 4.0%，高方案工业增加值年均增长率 5.4%；中方案灌溉面积达到 2.1 亿亩，高方案灌溉面积达到 2.2 亿亩，基本达到发达国家水平。

到 2050 年，中方案工业增加值年均增长率 4.3%，高方案工业增加值年均增长率 4.8%；中方案灌溉面积达到 2.2 亿亩，高方案灌溉面积达到 2.3 亿亩，基本达到中等发达国家水平。

第四节　河道外"三生"需水预测

需水预测采用指标定额法，根据松辽流域经济社会发展水平和工业结构转型升级、种植结构优化调整及各类节水措施的实施情况等，按强化节水情景确定未来经济社会需水定额。根据经济社会发展预测结果和强化节水情景需水定额，按中、高两种方案分析和确定经济社会需水预测结果。

一、居民生活需水量

随着东北振兴等一系列决策部署的实施，地区经济持续向好发展，新时代东北振兴目标逐步实现，人民生活水平不断提高，用水需求不断加大。具体预测结果见表 4-9～表 4-11。

基准年松辽流域城镇居民人均日生活用水量为 118L，城镇居民生活需水量为 31.58 亿 m^3，农村居民人均日生活用水量为 67L，农村居民生活需水量为 11.60 亿 m^3。

表 4-9　　　　　　　　　　基准年松辽流域居民生活需水量

分　区		城镇居民生活		农村居民生活	
		定额/[L/(人·d)]	需水量/亿 m^3	定额/[L/(人·d)]	需水量/亿 m^3
松花江区	嫩江	117	3.55	60	1.79
	松花江南源	124	3.95	73	1.62
	松花江干流	130	6.60	61	2.46
	松花江界河	112	2.57	62	0.41
	平均	123	16.67	63	6.29
辽河区	西辽河	93	1.21	67	1.03
	东辽河	111	0.42	81	0.37
	辽河干流	112	1.79	75	1.21
	浑太河	118	5.31	75	0.75
	辽河界河	113	6.18	71	1.95
	平均	113	14.91	72	5.31
平　均		118	31.58	67	11.60
省（自治区）	黑龙江省	125	10.26	59	3.35
	吉林省	122	6.80	71	3.12
	辽宁省	114	12.29	73	3.75
	内蒙古自治区	96	2.22	66	1.32
	河北省	60	0.01	52	0.06

表 4-10 **2035 年松辽流域居民生活需水量**

分 区		中 方 案				高 方 案			
		城镇居民生活		农村居民生活		城镇居民生活		农村居民生活	
		定额/[L/(人·d)]	需水量/亿 m³	定额/[L/(人·d)]	需水量/亿 m³	定额/[L/(人·d)]	需水量/亿 m³	定额/[L/(人·d)]	需水量/亿 m³
松花江区	嫩江	127	4.41	90	2.13	127	6.17	100	2.27
	松花江南源	134	4.88	84	1.53	134	6.83	104	1.77
	松花江干流	140	8.12	83	2.71	140	11.37	107	3.38
	松花江界河	139	3.16	88	0.47	139	4.42	148	0.63
	平均	135	20.56	85	6.84	135	28.79	106	8.04
辽河区	西辽河	113	1.60	75	1.03	113	2.24	90	1.09
	东辽河	131	0.54	89	0.37	131	0.76	105	0.38
	辽河干流	132	2.30	83	1.20	132	3.22	106	1.36
	浑太河	138	6.76	83	0.75	138	9.46	110	0.87
	辽河界河	132	7.93	79	1.92	133	11.12	106	2.26
	平均	132	19.13	82	5.26	132	26.79	95	5.97
平 均		134	39.69	80	12.10	134	55.57	106	14.01
省（自治区）	黑龙江省	126	12.49	93	3.82	138	17.49	107	4.57
	吉林省	124	8.57	99	3.15	135	11.99	109	3.61
	辽宁省	123	15.78	95	3.68	135	22.09	107	4.29
	内蒙古自治区	103	2.85	93	1.39	113	3.99	95	1.48
	河北省	74	0.01	70	0.06	80	0.01	73	0.06

表 4-11 **2050 年松辽流域居民生活需水量**

分 区		中 方 案				高 方 案			
		城镇居民生活		农村居民生活		城镇居民生活		农村居民生活	
		定额/[L/(人·d)]	需水量/亿 m³	定额/[L/(人·d)]	需水量/亿 m³	定额/[L/(人·d)]	需水量/亿 m³	定额/[L/(人·d)]	需水量/亿 m³
松花江区	嫩江	137	5.20	109	2.35	142	8.88	128	2.70
	松花江南源	144	5.73	115	1.83	149	9.78	134	1.86
	松花江干流	150	9.52	120	3.48	155	16.21	139	3.53
	松花江界河	149	3.70	118	0.64	154	6.31	138	0.65
	平均	145	24.15	116	8.31	150	41.18	134	8.75
辽河区	西辽河	123	1.90	98	1.14	128	3.26	115	1.17
	东辽河	141	0.64	113	0.39	146	1.09	132	0.40
	辽河干流	142	2.70	114	1.41	147	4.61	133	1.43
	浑太河	148	7.93	118	0.90	153	13.51	138	0.92
	辽河界河	142	9.34	114	2.35	147	15.93	133	2.38
	平均	142	22.51	111	6.19	147	38.40	130	6.29

分　区		中　方　案				高　方　案			
		城镇居民生活		农村居民生活		城镇居民生活		农村居民生活	
		定额/[L/(人·d)]	需水量/亿 m³	定额/[L/(人·d)]	需水量/亿 m³	定额/[L/(人·d)]	需水量/亿 m³	定额/[L/(人·d)]	需水量/亿 m³
平　　均		144	46.67	114	14.51	149	79.58	132	15.04
省（自治区）	黑龙江省	148	14.67	114	4.72	153	25.01	133	4.97
	吉林省	145	10.06	117	3.74	150	17.15	136	3.86
	辽宁省	144	18.54	115	4.44	150	31.62	134	4.51
	内蒙古自治区	123	3.38	104	1.54	127	5.79	122	1.63
	河北省	87	0.01	79	0.07	91	0.01	90	0.07

中方案：到 2035 年松辽流域人均城镇居民日生活用水量达到 134L，城镇居民生活需水量达到 39.69 亿 m³，人均农村居民日生活用水量达到 80L，农村居民生活需水量达到 12.10 亿 m³；到 2050 年松辽流域人均城镇居民日生活用水量达到 144L，城镇居民生活需水量达到 46.67 亿 m³，人均农村居民日生活用水量达到 114L，农村居民生活需水量达到 14.51 亿 m³。

高方案：到 2035 年松辽流域人均城镇居民日生活用水量保持 134L，城镇居民生活需水量达到 55.57 亿 m³，人均农村居民日生活用水量达到 106L，农村居民需水量达到 14.01 亿 m³；到 2050 年松辽流域人均城镇居民日生活用水量达到 149L，城镇居民生活需水量达到 79.58 亿 m³，人均农村居民日生活用水量达到 132L，农村居民生活需水量达到 15.04 亿 m³。

二、工业、建筑业及第三产业需水量

随着东北老工业基地振兴和新型城镇化建设，未来松辽流域工业、建筑业及第三产业增加值将有较大幅度增长，其需水量将呈现持续刚性增长态势。具体预测结果见表 4-12～表 4-14。

基准年松辽流域工业需水量为 70.55 亿 m³，建筑业需水量为 3.96 亿 m³，第三产业需水量为 13.18 亿 m³。

表 4-12　　　　　　　　基准年松辽流域城镇生产需水量

分　区		工　业		建筑业需水量/亿 m³	第三产业需水量/亿 m³
		定额/(万元/m³)	需水量/亿 m³		
松花江区	嫩江	33	14.21	0.23	1.08
	松花江南源	26	14.46	0.22	1.42
	松花江干流	27	9.88	0.36	1.88
	松花江界河	41	5.67	0.32	0.61
	平均	29	44.22	1.14	4.98
辽河区	西辽河	19	3.52	0.2	0.79
	东辽河	18	0.95	0.04	0.13
	辽河干流	16	2.44	0.12	0.45
	浑太河	24	9.46	1.77	3.67

分 区		工 业		建筑业需水量 /亿 m³	第三产业需水量 /亿 m³
		定额/(万元/m³)	需水量/亿 m³		
辽河区	辽河界河	21	9.96	0.69	3.17
	平均	20	26.33	2.82	8.2
合 计		33	70.55	3.96	13.18
省（自治区）	黑龙江省	48	22.77	0.50	2.80
	吉林省	33	20.96	0.68	2.45
	辽宁省	25	19.63	2.46	6.85
	内蒙古自治区	30	7.18	0.32	1.08
	河北省	2	0.01	0	0

表 4-13　　　　　　　　　　　　　2035 年松辽流域城镇生产需水量

分 区		中方案				高方案			
		工业		建筑业 需水量 /亿 m³	第三产业 需水量 /亿 m³	工业		建筑业 需水量 /亿 m³	第三产业 需水量 /亿 m³
		定额 /(万元/m³)	需水量 /亿 m³			定额 /(万元/m³)	需水量 /亿 m³		
松花江区	嫩江	33	20.33	0.26	1.24	33	27.04	0.27	1.30
	松花江南源	26	22.01	0.25	1.63	26	29.28	0.26	1.71
	松花江干流	27	14.84	0.42	2.16	27	19.74	0.43	2.27
	松花江界河	32	10.36	0.52	0.91	34	14.54	0.54	0.95
	平均	29	67.53	1.44	5.93	29	9.06	1.49	6.23
辽河区	西辽河	19	5.68	0.23	0.9	19	7.56	0.24	0.95
	东辽河	18	1.77	0.05	0.14	18	2.36	0.05	0.15
	辽河干流	16	4.41	0.14	0.51	16	5.87	0.14	0.54
	浑太河	24	14.26	2.03	4.22	24	18.97	2.09	4.43
	辽河界河	21	18.35	0.85	3.74	21	23.18	0.88	3.92
	平均	20	44.47	3.3	9.52	20	57.94	3.40	9.99
平　均		24	112.00	4.75	15.45	24	148.54	4.89	16.22
省（自治区）	黑龙江省	31	34.85	0.58	3.32	31	45.01	0.59	3.48
	吉林省	24	32.51	0.92	2.95	24	44.19	0.94	3.10
	辽宁省	20	33.18	2.84	7.91	20	42.58	2.92	8.30
	内蒙古自治区	24	11.44	0.42	1.27	25	16.73	0.43	1.33
	河北省	2	0.02	0	0	3	0.02	0	0

　　中方案：到 2035 年松辽流域工业需水量为 112.00 亿 m³，建筑业需水量为 4.75 亿 m³，第三产业需水量为 15.45 亿 m³；到 2050 年松辽流域工业需水量为 166.05 亿 m³，建筑业需水量为 15.06 亿 m³，第三产业需水量为 39.74 亿 m³。

表 4-14　　　　　　　　　　2050 年松辽流域城镇生产需水量

分 区		中 方 案				高 方 案			
		工业		建筑业需水量/亿 m³	第三产业需水量/亿 m³	工业		建筑业需水量/亿 m³	第三产业需水量/亿 m³
		定额/(万元/m³)	需水量/亿 m³			定额/(万元/m³)	需水量/亿 m³		
松花江区	嫩江	28	31.06	0.83	3.19	24	38.04	0.97	3.67
	松花江南源	21	31.92	0.81	4.19	17	36.81	0.94	4.82
	松花江干流	22	21.68	1.32	5.55	18	25.23	1.55	6.38
	松花江界河	27	18.49	1.64	2.32	23	19.67	1.91	2.67
	平均/小计	24	103.16	4.58	15.26	20	119.74	5.36	17.55
辽河区	西辽河	15	8.07	0.74	2.32	11	8.48	0.86	2.67
	东辽河	12	2.64	0.15	0.37	10	2.74	0.18	0.43
	辽河干流	12	5.94	0.43	1.32	10	7.06	0.51	1.52
	浑太河	17	21.72	6.45	10.85	13	24.04	7.54	12.48
	辽河界河	17	24.53	2.71	9.61	13	28.91	3.17	11.05
	平均/小计	15	62.89	10.48	24.48	12	71.23	12.26	28.15
平均/合计		19	166.05	15.06	39.74	16	190.97	17.62	45.70
省（自治区）	黑龙江省	26	51.90	1.83	8.54	22	61.23	2.14	9.82
	吉林省	19	48.51	2.90	7.60	16	55.25	3.40	8.74
	辽宁省	15	46.69	9.01	20.34	12	53.81	10.54	23.39
	内蒙古自治区	21	18.93	1.32	3.26	16	20.65	1.55	3.75
	河北省	2	0.02	0	0	1	0.03	0	0

高方案：到 2035 年松辽流域工业需水量为 148.54 亿 m³，建筑业需水量为 4.89 亿 m³，第三产业需水量为 16.22 亿 m³；到 2050 年松辽流域工业需水量为 190.97 亿 m³，建筑业需水量为 17.62 亿 m³，第三产业需水量为 45.70 亿 m³。

三、农业需水量

（一）农田灌溉需水量

松辽流域是我国最大的商品粮主产区，在国家粮食安全体系中起到举足轻重的作用。随着松嫩平原适合开发的盐碱地和三江平原通过黑龙江省重点引水工程建设，水田灌溉面积逐年增加，灌溉需水量增大。具体结果见表 4-15～表 4-17。

基准年，松辽流域农田灌溉综合定额为 319m³/亩，需水量为 572.06 亿 m³。

中方案：到 2035 年松辽流域农田灌溉综合定额为 316m³/亩、需水量为 678.66 亿 m³；到 2050 年农田灌溉综合定额为 319m³/亩、需水量为 729.88 亿 m³。

高方案：到 2035 年松辽流域农田灌溉综合定额为 322m³/亩、需水量为 719.38 亿 m³；到 2050 年农田灌溉综合定额为 317m³/亩、需水量为 755.49 亿 m³。

表 4-15 基准年松辽流域农业需水量

分 区		农 业		
		农田灌溉定额/(m³/亩)	农田灌溉需水量/亿 m³	林牧渔畜需水量/亿 m³
松花江区	嫩江	243	109.61	4.71
	松花江南源	384	42.63	3.19
	松花江干流	359	155.68	6.68
	松花江界河	423	140.27	3.34
	小计/平均	355	448.20	17.91
辽河区	西辽河	191	38.49	5.28
	东辽河	312	7.13	0.50
	辽河干流	314	33.31	3.23
	浑太河	491	24.05	1.74
	辽河界河	242	20.87	4.52
	小计/平均	266	123.86	15.27
省（自治区）	黑龙江省	347	341.64	9.73
	吉林省	328	94.38	6.78
	辽宁省	321	75.31	9.06
	内蒙古自治区	210	60.15	7.55
	河北省	253	0.58	0.06
合计/平均		319	572.06	33.18

表 4-16 2035 年松辽流域农业需水量

分 区		中 方 案			高 方 案		
		农田灌溉定额/(m³/亩)	农田灌溉需水量/亿 m³	林牧渔畜需水量/亿 m³	农田灌溉定额/(m³/亩)	农田灌溉需水量/亿 m³	林牧渔畜需水量/亿 m³
松花江区	嫩江	276	142.01	4.97	284	150.53	4.97
	松花江南源	358	44.22	3.45	360	46.87	3.45
	松花江干流	341	181.61	7.25	351	192.51	7.25
	松花江界河	383	191.28	5.42	387	202.77	5.42
	小计/平均	348	559.12	21.10	355	592.66	21.10
辽河区	西辽河	177	36.38	5.76	179	38.56	5.76
	东辽河	293	6.83	0.52	295	7.24	0.52
	辽河干流	297	32.14	3.50	298	34.06	3.50
	浑太河	461	23.00	1.95	464	24.38	1.95
	辽河界河	230	21.20	4.75	233	22.47	4.75
	小计/平均	251	119.54	16.47	253	126.71	16.47

分　区		中　方　案			高　方　案		
		农田灌溉定额/(m³/亩)	农田灌溉需水量/亿 m³	林牧渔畜需水量/亿 m³	农田灌溉定额/(m³/亩)	农田灌溉需水量/亿 m³	林牧渔畜需水量/亿 m³
合计/平均		316	678.66	37.57	322	719.38	37.57
省（自治区）	黑龙江省	341	435.01	11.07	349	461.11	11.02
	吉林省	326	103.47	6.82	332	109.68	6.85
	辽宁省	306	73.51	9.66	309	77.92	9.66
	内蒙古自治区	210	66.09	9.96	213	70.06	9.99
	河北省	249	0.57	0.06	251	0.6	0.05

表 4-17　　　　　　　　　2050 年松辽流域农业需水量

分　区		中　方　案			高　方　案		
		农田灌溉定额/(m³/亩)	农田灌溉需水量/亿 m³	林牧渔畜需水量/亿 m³	农田灌溉定额/(m³/亩)	农田灌溉需水量/亿 m³	林牧渔畜需水量/亿 m³
松花江区	嫩江	277	145.57	6.69	274	147.35	6.89
	松花江南源	361	48.20	4.64	362	50.19	4.78
	松花江干流	342	185.64	9.76	335	187.66	10.06
	松花江界河	383	210.41	7.30	382	219.98	7.52
	小计/平均	350	589.82	28.40	355	605.17	29.25
辽河区	西辽河	179	38.47	7.75	179	39.51	7.98
	东辽河	304	10.12	0.69	307	11.77	0.71
	辽河干流	300	35.41	4.71	301	37.05	4.85
	浑太河	470	28.13	2.62	473	30.70	2.70
	辽河界河	249	27.91	6.39	256	31.28	6.58
	小计/平均	261	140.06	22.16	265	150.31	22.83
合计/平均		319	729.88	50.56	317	755.49	52.08
省（自治区）	黑龙江省	344	452.80	15.21	340	461.69	15.70
	吉林省	334	118.50	8.91	336	126.02	9.11
	辽宁省	315	87.08	13.09	319	93.87	13.53
	内蒙古自治区	210	70.89	13.26	209	73.29	13.64
	河北省	250	0.61	0.09	251	0.63	0.09

（二）林牧渔畜需水量

松辽流域林牧渔畜业用水量占比较小，基准年需水量约为 33.18 亿 m³，占农业需水量的 12%。预测到 2035 年其需水量比例变化不大，高中方案需水量均为 37.57 亿 m³；到 2050 年需水量略有增加，中方案为 50.56 亿 m³，高方案为 52.08 亿 m³。具体结果见表 4-15～表 4-17。

四、河道外生态环境需水量

松辽流域湿地面积大、类型多、分布广，区域性差异显著，流域拥有包括国际级、国家级、省级湿地类型自然保护区、湿地公园和重要湿地共计 85 处，其中国家级湿地 42 处，扎龙、向海、达赉湖、三江、洪河、七星河、珍宝岛、兴凯湖、双台子河 9 处为国际重要湿地。《松花江和辽河流域水资源综合规划》成果，考虑调入区主要湿地，包括莲花湖、扎龙国家级自然保护区、向海国家级自然保护区及莫莫格国家级自然保护区等，总面积为 45.89 万 hm²。

根据松辽流域生态保护目标及有关管控指标，综合分析和确定松辽流域生态需水量预测结果。根据并参考《松花江和辽河流域水资源综合规划》及有关最新研究成果，城镇生态用水包括绿化用水、河湖用水和环境卫生用水。基准年受水区绿化用水定额为 2377m³/hm²，河湖用水定额 8681m³/hm²，环境卫生用水定额 1800m³/hm²。2035 年绿化用水定额为 2455m³/hm²，河湖用水定额 8011m³/hm²，环境卫生用水定额 1800m³/hm²。预测到 2035 年，中方案松辽流域生态环境需水量为 41.75 亿 m³，到 2050 年生态环境需水量为 78.13 亿 m³；高方案松辽流域生态环境需水量为 41.75 亿 m³，到 2050 年生态环境需水量为 85.94 亿 m³。城镇生态用水定额，见表 4-18；生态需水量见表 4-19～表 4-21。

表 4-18　　　　　　　　　　松辽流域城镇生态用水定额　　　　　　　　　单位：m³/hm²

省（自治区）	绿　化			河　湖			环境卫生		
	基准年	2035 年	2050 年	基准年	2035 年	2050 年	基准年	2035 年	2050 年
内蒙古自治区	2500	2500	2500	8090	7617	7617	1800	1800	1800
吉林省	3090	3165	3165	10128	9484	9484	1800	1800	1800
黑龙江省	2316	2314	2314	8547	7720	7720	1800	1800	1800
合计	2377	2455	2455	8681	8011	8011	1800	1800	1800

表 4-19　　　　　　　　　　基准年松辽流域生态需水量

分　区		生态需水量/亿 m³
松花江区	嫩江	4.21
	松花江南源	2.68
	松花江干流	0.77
	松花江界河	7.48
	小计	15.14
辽河区	西辽河	1.1
	东辽河	0.09
	辽河干流	0.69
	浑太河	3.36
	辽河界河	2.15
	小计	7.39
合　计		22.53

分 区		生态需水量/亿 m³
省（自治区）	黑龙江省	2.80
	吉林省	5.47
	辽宁省	5.72
	内蒙古自治区	8.54
	河北省	0

表 4-20　　　　　　　　　2035 年松辽流域生态需水量

分 区		中方案生态需水量/亿 m³	高方案生态需水量/亿 m³
松花江区	嫩江	5.78	5.78
	松花江南源	3.67	3.67
	松花江干流	1.06	1.06
	松花江界河	20.11	20.11
	小计	30.62	30.62
辽河区	西辽河	1.67	1.67
	东辽河	0.13	0.13
	辽河干流	1.05	1.05
	浑太河	5.10	5.10
	辽河界河	3.18	3.18
	小计	11.13	11.13
合 计		41.75	41.75
省（自治区）	黑龙江省	14.39	14.39
	吉林省	7.54	7.54
	辽宁省	8.67	8.67
	内蒙古自治区	11.16	11.16
	河北省	0	0

表 4-21　　　　　　　　　2050 年松辽流域生态需水量

分 区		中方案生态需水量/亿 m³	高方案生态需水量/亿 m³
松花江区	嫩江	6.71	7.38
	松花江南源	4.26	4.69
	松花江干流	2.20	2.42
	松花江界河	41.81	46.00
	小计	54.99	60.49
辽河区	西辽河	3.46	3.81
	东辽河	0.28	0.31
	辽河干流	2.18	2.40

分 区		中方案生态需水量/亿 m³	高方案生态需水量/亿 m³
辽河区	浑太河	10.61	11.67
	辽河界河	6.61	7.27
	小计	23.14	25.45
合 计		78.13	85.94
省（自治区）	黑龙江省	27.62	30.38
	吉林省	9.90	10.88
	辽宁省	18.03	19.83
	内蒙古自治区	22.58	24.84
	河北省	0	0

五、河道外需水量汇总

中方案：到 2035 年松辽流域需水总量为 941.97 亿 m³，到 2050 年需水总量为 1140.59 亿 m³。

高方案：到 2035 年松辽流域需水总量为 1037.93 亿 m³，到 2050 年需水总量为 1242.42 亿 m³。不同行业流域需水预测成果见表 4-22～表 4-24。

表 4-22   **基准年松辽流域需水量**   单位：亿 m³

分 区		生 活		工业	农业	生态	合计
		城镇	农村				
松花江区	嫩江	4.86	1.79	14.21	114.31	4.21	139.38
	松花江南源	5.59	1.62	14.46	45.82	2.68	70.17
	松花江干流	8.84	2.46	9.88	162.36	0.77	184.31
	松花江界河	3.51	0.41	5.67	143.61	7.48	160.69
	小计	22.79	6.29	44.22	466.11	15.14	554.55
辽河区	西辽河	2.2	1.03	3.52	43.78	1.10	51.62
	东辽河	0.59	0.37	0.95	7.63	0.09	9.64
	辽河干流	2.36	1.21	2.44	36.54	0.69	43.25
	浑太河	10.76	0.75	9.46	25.79	3.36	50.12
	辽河界河	10.02	1.95	9.96	25.39	2.15	49.46
	小计	25.93	5.31	26.33	139.13	7.39	204.08
合 计		48.72	11.6	70.55	605.24	22.53	758.63
省（自治区）	黑龙江省	13.57	3.35	22.77	351.38	2.80	393.86
	吉林省	9.93	3.12	20.96	101.16	5.47	140.64
	辽宁省	21.6	3.75	19.63	84.37	5.72	135.07
	内蒙古自治区	3.62	1.32	7.18	67.7	8.54	88.36
	河北省	0.01	0.06	0.01	0.63	0	0.70

表 4-23   **2035 年松辽流域需水量**   单位：亿 m^3

分区		中 方 案						高 方 案					
		生活		工业	农业	生态	合计	生活		工业	农业	生态	合计
		城镇	农村					城镇	农村				
松花江区	嫩江	5.91	2.13	20.33	146.98	5.78	181.12	7.74	2.27	27.04	155.50	5.78	198.32
	松花江南源	6.76	1.53	22.01	47.67	3.67	81.64	8.80	1.77	29.28	50.32	3.67	93.84
	松花江干流	10.70	2.71	14.84	188.87	1.06	218.17	14.07	3.38	19.74	199.76	1.06	238.00
	松花江界河	4.57	0.47	10.36	196.70	20.11	232.22	5.89	0.63	14.54	208.19	20.11	249.35
	小计	27.94	6.84	67.53	580.22	30.62	713.15	36.50	8.04	90.60	613.76	30.62	779.53
辽河区	西辽河	2.73	1.03	5.68	42.14	1.67	53.26	3.43	1.09	7.56	44.32	1.67	58.06
	东辽河	0.73	0.37	1.77	7.44	0.13	10.35	0.96	0.38	2.36	7.76	0.13	11.59
	辽河干流	2.95	1.20	4.41	35.63	1.05	45.24	3.90	1.36	5.87	37.56	1.05	49.73
	浑太河	13.01	0.75	14.26	24.94	5.10	58.06	15.99	0.87	18.97	26.32	5.10	67.25
	辽河界河	12.52	1.92	18.35	25.95	3.18	61.90	15.91	2.26	23.18	27.21	3.18	71.76
	小计	31.95	5.26	44.47	136.01	11.13	228.82	40.18	5.97	57.94	143.18	11.13	258.40
合计		59.89	12.10	112.00	716.22	41.75	941.97	76.68	14.01	148.54	756.94	41.75	1037.93
省（自治区）	黑龙江省	16.39	3.82	34.85	446.08	14.39	515.53	21.56	4.57	45.01	472.13	14.39	557.67
	吉林省	12.44	3.15	32.51	110.29	7.54	165.93	16.04	3.61	44.19	116.53	7.54	187.91
	辽宁省	26.53	3.68	33.18	83.17	8.67	155.23	33.32	4.29	42.58	87.58	8.67	176.44
	内蒙古自治区	4.54	1.39	11.44	76.05	11.16	104.57	5.75	1.48	16.73	80.04	11.16	115.16
	河北省	0.01	0.06	0.02	0.63	0	0.71	0.01	0.06	0.02	0.66	0	0.76

表 4-24   **2050 年松辽流域需水量**   单位：亿 m^3

分区		中 方 案						高 方 案					
		生活		工业	农业	生态	合计	生活		工业	农业	生态	合计
		城镇	农村					城镇	农村				
松花江区	嫩江	9.22	2.35	31.06	152.25	6.71	201.59	13.52	2.70	38.04	154.23	7.38	215.88
	松花江南源	10.73	1.83	31.92	52.85	4.26	101.59	15.54	1.86	36.81	54.98	4.69	113.87
	松花江干流	16.39	3.48	21.68	195.41	2.20	239.16	24.14	3.53	25.23	197.72	2.42	253.04
	松花江界河	7.65	0.64	18.49	217.72	41.81	286.33	10.88	0.65	19.67	227.50	46.00	304.71
	小计	44.00	8.31	103.16	618.22	54.99	828.68	64.09	8.75	119.74	634.43	60.49	887.49
辽河区	西辽河	4.96	1.14	8.07	46.22	3.46	63.86	6.80	1.17	8.48	47.49	3.81	67.75
	东辽河	1.16	0.39	2.64	10.82	0.28	15.29	1.69	0.40	2.74	12.48	0.31	17.62
	辽河干流	4.46	1.41	5.94	40.12	2.18	54.11	6.64	1.43	7.06	41.90	2.40	59.42
	浑太河	25.23	0.90	21.72	30.75	10.61	89.21	33.53	0.92	24.04	33.40	11.67	103.56
	辽河界河	21.66	2.35	24.53	34.31	6.61	89.44	30.14	2.38	28.91	37.86	7.27	106.57
	小计	57.47	6.19	62.89	162.22	23.14	311.91	78.81	6.29	71.23	173.14	25.45	354.92

分　　区		中　方　案						高　方　案					
		生活		工业	农业	生态	合计	生活		工业	农业	生态	合计
		城镇	农村					城镇	农村				
合计		101.46	14.51	166.05	780.44	78.13	1140.59	142.9	15.04	190.97	807.57	85.94	1242.42
省（自治区）	黑龙江省	25.03	4.72	51.90	468.01	27.62	577.28	36.96	4.97	61.23	477.39	30.38	610.93
	吉林省	20.57	3.74	48.51	127.41	9.90	210.12	29.29	3.86	55.25	135.13	10.88	234.42
	辽宁省	47.89	4.44	46.69	100.18	18.03	217.23	65.54	4.51	53.81	107.4	19.83	251.09
	内蒙古自治区	7.96	1.54	18.93	84.14	22.58	135.16	11.09	1.63	20.65	86.93	24.84	145.14
	河北省	0.01	0.07	0.02	0.69	0	0.80	0.02	0.07	0.03	0.71	0	0.83

第五节　河道内生态需水预测

维持河流生态基流量是维持河流生态系统基本稳定的重要途径，生态基流的确定与水生生物的生活特性密切相关，具有时空变异性。本书结合松花江流域枯水期流量以及封冻期和汛期状况，分别从枯水期、非枯水期研究制定松花江流域生态基流，见表4-25。

一、鱼类资源保护的生态学指标

水力条件是鱼类产卵场的重要因素，脉冲流量是刺激鱼类产卵、保证鱼卵孵化的关键水力因子。

脉冲流量对于鱼类产卵有两方面的显著作用，一是结合水温的变化，给鱼类提供产卵的刺激信号，并提供鱼类洄游的方向指引；二是通过高流量过程对于漫滩的淹没，为鱼类产卵提供适宜的栖息地，以及产卵后黏性卵孵化期间的持续水流条件、漂浮性卵孵化期间的持续流速保障。第一种作用的持续时间受鱼类洄游距离、洄游速度的影响较大，不同的区域不同的鱼类需要的持续时间有很大差别，但是产卵刺激和方向指引作用的发挥对于流量的大小无特别严格的要求，考虑到产卵期的基流要求相较于枯水期已经有明显的提升，因此在确定脉冲流量持续时间时主要考虑第二种作用，也就是产卵场维持以及鱼卵孵化的时间要求。

基于脉冲流量的生态学意义，结合流域内主要鱼类的繁殖需求，确定脉冲流量的持续时间为7天，即产卵期各月至少满足连续7天的水量要求。本书根据多年天然日径流过程，将75%保证率下各月最大连续7天径流量的平均值，作为当月脉冲流量的下限值。根据57个生态断面与模型水功能区节点的对应关系，选取19个渔业用水区断面作为重点断面，分析其水量过程及生态流量保障程度。对渔业用水区断面进行编号，各河段4—7月脉冲流量计算结果，见表4-26。

二、其他指标要求

本书选取牡丹江、饮马河、呼兰河等59条主要支流，对其中20条具有渔业用水区和国家级水产种质资源保护区等重要水生态功能的河段进行分析，种质资源保护区生态基流见表4-27。由于各支流海拔、地形、土壤、河床底质等环境条件差异较大，水生生物地域分异突出，比如甘河、海浪河等河段敏感性鱼类为冷水性鱼，重点保护期主要在 4—5 月；伊通河、饮马河等河段主要以温水性鱼类为主，重点保护期主要分布在 6—7 月；而牡丹江、洮儿河等河段鱼类资源丰富、产卵期时间较长。因此不能笼统地将干流敏感期生态需水研究的思路用于支流。根据各支流特点，在鱼类调查结果和鱼类区划的基础上，分别研究各支流重点保护鱼类，并结合重点鱼类产卵特性和产卵时间进行分类，确定每条支流的敏感期研究时间。

表 4-25　　　　　　　　　　　松花江流域生态基流

河　段	枯　水　期		非　枯　水　期	
	生态基流 /(m³/s)	确定依据	生态基流 /(m³/s)	确定依据
嫩江嫩江市段	0.26	最枯连续 7 天	9.51	多年平均径流的 10%
甘河	3.33	近 8 年枯水期的 75%	11.27	多年平均径流的 10%
嫩江尼尔基段	42.5	根据《水资源保护规划》确定	42.5	根据《水资源保护规划》确定
讷谟尔河	0	连底冻	3.5	多年平均径流的 10%
诺敏河	2.55	近 8 年枯水期的 75%	18.63	根据《水资源保护规划》确定
嫩江齐齐哈尔段	56	按设计流量	58	多年平均径流的 10%
阿伦河	0.14	最枯连续 7 天	1.91	多年平均径流的 10%
音河	0	连底冻	0.39	多年平均径流的 10%
雅鲁河	2.05	近 8 年枯水期的 75%	7.67	根据《水资源保护规划》确定
绰尔河	0.84	最枯连续 7 天	8.4	设计流量
乌裕尔河	0	连底冻	2.23	多年平均径流的 10%
洮儿河科右前旗段	0.11	最枯连续 7 天	2.53	根据《水资源保护规划》确定
洮儿河白城段	1.88	设计流量	4.18	多年平均径流的 10%
霍林河科右前旗段	0.35	最枯连续 7 天	1.16	按设计流量
霍林河前郭段	0.12	设计流量	3.47	多年平均径流的 10%
嫩江大赉段	42.5	根据《水资源保护规划》确定	81	多年平均径流的 10%
安肇新河	3.6	设计流量	3.6	按设计流量
辉发河	3.88	最枯连续 7 天	8.43	多年平均径流的 10%
一统河	0.89	最枯连续 7 天	1.57	多年平均径流的 10%
三统河	1.19	按设计流量	1.55	多年平均径流的 10%
莲河	0.08	最枯连续 7 天	0.16	多年平均径流的 10%
二道松花江	6.01	近 8 年枯水期的 75%	18.1	按设计流量
头道松花江上游	2.22	近 8 年枯水期的 75%	5.65	按设计流量
头道松花江下游	12	近 8 年枯水期的 75%	16.27	按设计流量
蛟河	0.28	设计流量	1.19	多年平均径流的 10%
伊通河	0.03	设计流量	0.65	多年平均径流的 10%

河 段	枯 水 期		非 枯 水 期	
	生态基流/(m³/s)	确定依据	生态基流/(m³/s)	确定依据
饮马河上游	0.12	最枯连续7天	0.88	多年平均径流的10%
岔路河	0.03	最枯连续7天	0.31	多年平均径流的10%
雾开河	0.01	最枯连续7天	0.07	多年平均径流的10%
松花江南源上游	161	根据《水资源保护规划》确定	161	根据《水资源保护规划》确定
松花江南源中游	150	设计流量	150	设计流量
松花江南源下游	100	根据《水资源保护规划》确定	100	根据《水资源保护规划》确定
沐石河	0.05	设计流量	0.13	多年平均径流的10%
拉林河	4.68	近8年枯水期的75%	17.28	根据《水资源保护规划》确定
忙牛河	0.72	最枯连续7天	2.86	多年平均径流的10%
松花江干流三岔口段	310	设计流量	310	根据《水资源保护规划》确定
松花江哈尔滨段	316.83	设计流量	316.83	设计流量
阿什河	1.65	设计流量	1.65	按设计流量
呼兰河	4.33	设计流量	12.7	根据《水资源保护规划》确定
通肯河	0	连底冻	3.26	多年平均径流的10%
蚂蚁河	2.12	近8年枯水期的75%	6.06	多年平均径流的10%
松花江木兰段	319.7	设计流量	319.7	设计流量
牡丹江上游	4.26	近8年枯水期的75%	6.32	多年平均径流的10%
牡丹江牡丹江市段	6.47	按设计流量	16.13	多年平均径流的10%
牡丹江依兰段	40.99	上游生态基流	40.99	根据《水资源保护规划》确定
海浪河	0.06	最枯连续7天	1.7	多年平均径流的10%
倭肯河	0	连底冻	1.57	多年平均径流的10%
汤旺河	3.86	近8年枯水期的75%	17.79	根据《水资源保护规划》确定
伊春河	0.32	设计流量	1.8	多年平均径流的10%
松花江佳木斯段	396.1	设计流量	396.1	设计流量
梧桐河	0.54	设计流量	2.51	多年平均径流的10%
安邦河	0.03	最枯连续7天	0.27	多年平均径流的10%
珠尔多河	0.11	最枯连续7天	0.71	多年平均径流的10%
卧都河	0	连底冻	0.38	多年平均径流的10%
小石河	0.03	最枯连续7天	0.18	多年平均径流的10%
德惠	0.94	近8年枯水期的75%	2.63	多年平均径流的10%
农安	1.14	最枯连续7天	1.27	多年平均径流的10%

表 4 - 26　　　　　　　　　　渔业用水区断面脉冲流量　　　　　　　　　单位：m³/s

编号	渔 业 用 水 区	4月脉冲流量	5月脉冲流量	6、7月脉冲流量
1、2	洮儿河镇赉县、大安市渔业、农业用水区	6.00	6.11	11.42
3	霍林河洮南市、通榆县、大安市渔业、农业用水区	1.87	1.60	2.89
4	霍林河前郭县渔业用水区	17.4	18.6	23.4
5	嫩江泰来县农业、渔业用水区	352	385	372
6	一统河柳河县、梅河口市、辉南县农业、渔业用水区	10.81	4.42	3.41
7	三统河柳河县农业、渔业用水区	16.61	5.44	4.34
8	莲河东丰县农业、渔业用水区	0.70	0.44	0.36
9、10、11	伊通河长春市农业、渔业用水区1；伊通河长春市饮用、渔业用水区；伊通河长春市农业、渔业用水区2	1.60	1.75	5.53
12、13	饮马河磐石市、双阳区、永吉县农业、渔业用水区；饮马河长春市饮用、渔业用水区	2.04	1.44	1.72
14	岔路河磐石市、永吉县农业、渔业用水区	1.14	0.53	0.82
15	雾开河长春市、九台市景观娱乐、渔业用水区	0.12	0.13	0.39
16	沐石河九台市、德惠市农业、渔业用水区	0.63	0.41	0.49
17	松花江肇东市、双城市农业、渔业用水区	826	750	895
18	呼兰河兰西县、呼兰区农业、渔业用水区	66.83	51.53	69.84
19	梧桐河鹤岗市农业、渔业用水区	23.11	9.75	12.48

表 4 - 27　　　　　　　　　　种质资源保护区生态流量　　　　　　　　　单位：m³/s

种质资源区断面编号	河　段	枯水期基流	非枯水期生态基流
1	甘河	3.33	11.27
2	霍林河科右前旗段	0.35	1.16
3、4	嫩江大赉段	42.5	81
5	头道松花江上游	2.22	5.65
6	松花江南源上游	161	161
7、8	松花江南源下游	100	100
9、10	松花江哈尔滨段	316.83	316.83
11	蚂蚁河	2.12	6.06
12、15、17	牡丹江牡丹江市段	6.47	16.13
13	海浪河	0.06	1.7
14	松花江佳木斯段	396.1	396.1
16	安邦河	0.03	0.27

分析各支流重点保护鱼类生活习性，一统河、三统河、莲河、甘河、头道松花江、海浪河、珠尔多河、卧都河、小石河主要以冷水性鱼类为主，敏感期研究重点在4—5月；伊通河、饮马河、岔路河、沐石河、雾开河、梧桐河、霍林河等河段主要以温水性鱼类为

主，敏感期研究重点在 6—7 月；洮儿河、牡丹江、呼兰河则需分别针对不同产卵类型鱼类，研究整个产卵期（即 4—7 月）的生态需水过程。

在支流敏感期生态需水的研究中，针对支流重点保护河段河长较短、河道横断面形态变化不大的特点，以对应水文站所在断面作为控制性断面，模拟其栖息地随流量变化情况。同时，由于栖息地模拟法针对河流生态系统的生物量最大化确定生态流量，而各支流的重点保护河段大多位于支流上游或者源头区，水利工程调节空间不足，根据栖息地模拟法确定的生态流量标准偏高。

第六节　极端情景需水展望

松嫩低平原位于东北地区中部，是尼尔基水库以下、松花江南源下游部分河谷平原及松花江干流哈尔滨以上平原区域构成，地势低平，在众多古河道上分布大量的盐碱荒地，是整个东北地区的最后一块可垦后备荒地，也是全国少有的土地和水匹配良好、规模较大、集中连片后备耕地，有待开发利用。

松嫩平原具有适合"以稻治碱"的中轻度盐碱地 1470 万亩，适宜发展的水田灌溉面积 500 万亩，因缺乏水资源而无法实施。未来随着北水南调工程逐步实施，最终形成较完备的流域水资源配置格局，可充分开发利用界河丰沛的水资源，大力改造盐碱地，以稻治碱，预计需增加需水量为 30 亿 m^3。

湿地作为"地球之肾"，在涵养水源、净化水质、蓄洪抗旱、调节气候和维护生物多样性等方面发挥着重要功能，湿地保护是生态文明建设的重要内容，事关国家生态安全、事关经济社会可持续发展、事关中华民族子孙后代的生存福祉。松辽流域内国家级湿地共计 42 处，其中扎龙湿地、向海湿地、达赉湖湿地、三江湿地、洪河湿地、七星河湿地、珍宝岛湿地、兴凯湖湿地、双台子河湿地等 9 处为国际重要湿地。通过初步分析和测算，预计松辽流域维持众多湿地生态环境状况良好所需的生态补水量为 100 亿 m^3。

第五章 水资源供给侧优化调整与可供水量分析

第一节 现有水资源战略配置格局

一、配置工程现状

截至 2020 年，松辽流域已建大型蓄水工程 103 座，总库容 940 亿 m³。其中，松花江区已建大型蓄水工程 53 座，总库容 505 亿 m³；辽河区已建大型蓄水工程 50 座，总库容 434 亿 m³。松辽流域已建大型引调水工程包括北部引嫩工程、中部引嫩工程、南部引嫩工程、磨盘山供水工程等 10 处，设计供水量为 53 亿 m³，现状实际供水量为 34 亿 m³。松辽流域已建大型水库工程、引调水工程情况见附图 2。

二、配置工程规划

根据《松花江流域水资源综合规划》《辽河流域水资源综合规划》《松花江流域综合规划（2012—2035 年）》《辽河流域综合规划（2012—2035 年）》等成果，松辽流域现有在建及规划大型蓄水工程 19 座，总库容 130 亿 m³。其中，松花江在建及规划大型蓄水工程 11 座，总库容 99 亿 m³；辽河规划大型蓄水工程 8 座，总库容 31 亿 m³。松辽流域现有在建及规划大型蓄水工程情况，见表 5-1。松辽流域现有在建及规划引调水工程 11 处，设计年引水量 95 亿 m³。其中在建引调水工程 5 处，设计年引水量 69 亿 m³；规划引调水工程 6 处，设计年引水量 26 亿 m³。

表 5-1　　　　　　松辽流域现有在建及规划大型蓄水工程　　　　　　单位：万 m³

序号	水库名称	水库所在水系	总库容	兴利库容	工程任务	备注
1	关门嘴子（在建）	梧桐河	40331	16649	防洪、供水、灌溉、发电	松花江流域综合规划
2	毕拉河口水库	诺敏河	320300	182800	发电、防洪、灌溉	松花江流域综合规划
3	哈尼嘎水库	阿伦河	30800	13200	防洪、灌溉、发电	松花江流域综合规划
4	萨马街水库	雅鲁河	45800	30500	灌溉、防洪、发电	松花江流域综合规划
5	阿木牛水库	雅鲁河	24000	11600	灌溉、防洪、发电	松花江流域综合规划
6	峡口水库	讷谟尔河支流南北河	75400	65900	调水、防洪、灌溉	松花江流域综合规划
7	北安水库	乌裕尔河	23800	20000	防洪、供水、灌溉、发电	松花江流域综合规划
8	花园水库	雅鲁河支流济沁河	36600	33000	灌溉、防洪、发电	松花江流域综合规划
9	南关水库	呼兰河	34100	20000	灌溉、防洪、城镇生态用水	松花江流域综合规划
10	林海水库	牡丹江	17600	10300	供水、灌溉、防洪、发电	松花江流域综合规划

序号	水库名称	水库所在水系	总库容	兴利库容	工程任务	备注
11	东城水库（增容）	嫩江引水（北部）	13600	13500	城镇供水	松花江和辽河流域水资源综合规划
12	颜家水库	扣河子河	40600		防洪	辽河流域综合规划
13	沙里寨水库	大洋河	114654		供水、防洪发电	松花江和辽河流域水资源综合规划
14	上窝铺水库	大凌河	36000		供水、防洪等	松花江和辽河流域水资源综合规划
15	韩家杖子水库	绕阳河	17000		灌溉、防洪	辽河流域综合规划
16	生金水库	大凌河支流牤牛河	15000		灌溉、防洪和发电	松花江和辽河流域水资源综合规划
17	八里哨水利枢纽工程	哈泥河	13600	8500	灌溉、防洪和发电	松花江和辽河流域水资源综合规划
18	七泡子水库	乌力吉木仁河	33500		防洪、生态用水	辽河流域综合规划
19	毛都花水库	乌力吉木仁河	28000	12000	防洪、灌溉、养殖等	辽河流域综合规划
	合　　计		1295185	688129		

三、配置格局适应性分析

《松花江流域水资源综合规划》《辽河流域水资源综合规划》提出松辽流域"北水南调、东水西引"的水资源配置总体格局。其中，"北水南调"工程主要是指将北部较丰富河流的水资源调往南部缺水较严重的地区，如引绰济辽调水工程、引嫩入白工程和哈达山水利枢纽工程等；"东水西引"工程主要是指将东部较丰富的水资源调往中西部缺水较严重的地区，如吉林中部引松供水工程、大伙房输水工程等。

随着新时代新发展理念和习近平生态文明思想不断深入人心，以及新发展格局下流域生态保护和高质量发展快速推进，中西部地区缺水问题日益凸显，新型城镇化和工业化发展用水需求与农业灌溉之间争水问题、湿地保护与灌溉面积扩大之间竞争性用水矛盾日趋尖锐，河道断流、湖泊湿地萎缩和区域性地下水超采等问题日趋严峻。原有规划的工程体系已不能适应和满足新时代新发展理念新发展格局高质量发展用水需求，难以缓解或解决流域中西部地区水资源严重短缺问题，亟须对原有的工程体系进行优化调整。

第二节　水资源战略配置格局调整方案

一、蓄水工程

根据新时代新发展理念、新发展战略和新发展格局新增用水需求，在已批复的有关规划基础上，结合已开展的前期论证工作，通过对现有和规划蓄水工程做进一步优化调整和补充完善，提出松辽流域未来规划新建和扩建大型水库28座，总库容163.86亿 m^3，兴利库容72.55亿 m^3。其中，毕拉河口水库、颜家水库、韩家杖子水库、生金水库、龙头山水库、八一水库处于项目建议书阶段。与《松花江和辽河流域水资源综合规划》《松花江流域综合规划》《辽河流域综合规划》中规划水库工程对比，规划新增十六道岗水库、连环湖水库、张家堡水利枢纽及输水工程龙头山水库、石湖水库、石门岭水库等9座大型水库，扩建增容老龙口水库及海龙水库、二龙山水库、蔓窝水库、白石水库等清淤扩容和综合整治工程（远景）。松辽流域规划新建和扩建大型水库情况见表5-2；规划清淤扩容和综合整治水库情况见表5-3；松辽流域规划水库工程分布情况见附图2。

表5-2 　　　　　松辽流域规划新建和扩建大型水库 单位：万 m³

序号	水库名称	水库所在水系	总库容	兴利库容	工程任务	备注
1	毕拉河口水库	诺敏河	320300	182800	发电、防洪、灌溉	松花江流域综合规划
2	哈尼嘎水库	阿伦河	30800	13200	防洪、灌溉、发电	松花江流域综合规划
3	萨马街水库	雅鲁河	45800	30500	灌溉、防洪、发电	松花江流域综合规划
4	阿木牛水库	雅鲁河	24000	11600	灌溉、防洪、发电	松花江流域综合规划
5	老龙口水库改扩建工程	珲春河	36740	7140	老龙口水库改扩建，提高城镇供水能力，满足灌溉用水、生态用水需求	扩建
6	峡口水库	讷谟尔河支流南北河	75400	65900	调水、防洪、灌溉	松花江流域综合规划
7	北安水库	乌裕尔河	23800	20000	防洪、供水、灌溉、发电	松花江流域综合规划
8	花园水库	雅鲁河支流济沁河	36600	33000	灌溉、防洪、发电	松花江流域综合规划
9	南关水库	呼兰河	34100	20000	灌溉、防洪、城镇生态用水	松花江流域综合规划
10	林海水库	牡丹江	17600	10300	城市供水为主，兼顾农业灌溉、下游防洪、结合水力发电	松花江流域综合规划
11	十六道岗水库	呼兰河欧根河	10700	7900	灌溉、工业供水和改善生态环境为主，结合防洪、兼顾发电	规划新增
12	东城水库（增容）	嫩江引水（北部）	13600	13500	城镇供水	水资源综合规划
13	连环湖	嫩江	149700	39000	防洪、灌溉	规划新增
14	颜家水库	扣河子河	40600		防洪	辽河流域综合规划
15	石湖水库	大洋河	54459		以供水为主、兼顾防洪及发电	规划新增
16	沙里寨水库	大洋河	114654		以供水为主、兼顾防洪及发电	水资源综合规划
17	石门岭水库		10830		防洪为主，兼顾供水、灌溉、旅游等	规划新增
18	张家堡水利枢纽及输水工程	草河	27500		防洪、发电等	规划新增
19	龙湾水利枢纽及输水工程	八道河	39000		防洪、发电等	规划新增
20	上窝铺水库	大凌河	36000		供水、防洪等	水资源综合规划
21	韩家杖子水库	绕阳河	17000		灌溉、防洪	辽河流域综合规划
22	生金水库	大凌河支流牤牛河	15000		灌溉、防洪和发电	水资源综合规划
23	龙头山水库	大沙河	20400		灌溉及城市供水	规划新增
24	红土岭水库	太子河	22300		以防洪和供水为主	规划新增

序号	水库名称	水库所在水系	总库容	兴利库容	工 程 任 务	备 注
25	八一水库	六股河支流黑水河	15100		城市供水为主，兼顾农业灌溉	规划新增
26	八里哨水利枢纽工程	哈泥河	13600	8500	从浑江向二松辉发河的三统河、一统河支流调水 1.2 亿 m³，对河流沿线 14 个乡镇供水、并发展 13.75 万亩水田灌溉面积，同时兼顾防汛、水产养殖、发电等综合利用	水资源综合规划
27	七泡子水库	乌力吉木仁河	33500		防洪、生态用水	辽河流域综合规划
28	毛都花水库	乌力吉木仁河	28000	12000	防洪、灌溉、养殖等	辽河流域综合规划
	合　　计		1638583	725520		

表 5 - 3　　　　松辽流域规划清淤扩容和综合整治水库　　　　单位：万 m³

序号	水库名称	水库所在水系	总库容	兴利库容	工 程 任 务	备 注
1	海龙水库	辉发河	31600	12400	防洪、灌溉	清淤扩容和综合整治工程
2	二龙山水库	东辽河	179200	70400	以防洪、除涝、灌溉、供水为主，结合发电、养鱼等综合利用	清淤扩容和综合整治工程
3	葓窝水库	太子河	79100	50800	以防洪、灌溉为主，兼顾工业供水、养鱼、旅游等	清淤扩容和综合整治工程
4	白石水库	大凌河	164500	87000	防洪、供水为主兼顾发电、养鱼及旅游等	清淤扩容和综合整治工程
	合　　计		454400	220600		

二、引调水工程

为满足新时代新发展理念、新发展战略和新发展格局提出的新增用水需求，在已批复的有关规划基础上，结合已开展的前期论证工作，通过对现有和规划引调水工程做进一步优化调整和补充完善，提出松辽流域规划引调水工程 13 项，规划引调水量约为 120 亿 m³，包括为解决辽西北、吉林西部、内蒙古西辽河和黑龙江三江平原等区域水资源短缺问题，谋划实施的辽宁省重点引水工程、吉林省重点引水工程、辽宁省重点引水工程内蒙古支线工程及黑龙江省重点引水工程等。

通过上述工程的实施，将加快形成"北水南调、东水西引"水资源配置格局，为东北全面振兴全方位振兴提供有力支撑和保障。

第三节　可供水量分析

一、基于水资源开发利用程度的可供水量

1. 地表水可供水量

根据松辽流域第三次水资源调查评价成果和《嫩江流域水量分配方案》《西辽河流域水量分配方案》及《内蒙古西辽河流域"量水而行"以水定需方案》等成果，未来松辽流

域地表水可供水量为 737.15 亿 m^3。具体结果见表 5 - 4。

表 5 - 4	松 辽 流 域 可 供 水 量		单位：亿 m^3
分 区		地表水可供水量	地下水可开采量
松花江区	嫩江	123.32	73.51
	松花江南源	83.01	18.15
	松花江干流	174.06	78.31
	松花江界河	185.22	63.14
	小计	565.61	233.11
辽河区	西辽河	11.72	24.2
	东辽河	4.09	5.57
	辽河干流	16.32	26.65
	浑太河	25.2	20.59
	辽河界河	114.21	4.17
	小计	171.54	81.18
合计		737.15	314.29
省（自治区）	黑龙江	296.95	144.11
	吉林	165.16	36.31
	辽宁	127.54	50.07
	内蒙古	151.29	81.79
	河北	1.03	2.12

松花江区地表水可供水量为 565.61 亿 m^3，地表水可开发率为 45％。额尔古纳河、黑龙江干流、图们江等界河流水资源丰富，未来用水需求增幅较小，现状开发利用程度偏低，可考虑向外流域调水。通过综合考虑并参考国际惯例，界河流域地表水可开发率取 40％。目前，嫩江流域是水资源供需矛盾最突出的流域之一，《嫩江流域水量分配方案》地表水可开发率取 45％。松花江南源和松花江干流径流深都在 180mm 以上，松花江南源有白山、丰满等大型水库，径流调蓄能力强，松花江干流有丰富的过境水资源，水资源开发利用条件较好，松花江南源、松花江干流地表水可开发率取 50％。

辽河区地表水可供水量为 171.54 亿 m^3，地表水可开发率为 44％。根据《西辽河流域水量分配方案》及《内蒙古西辽河流域"量水而行"以水定需方案》成果，西辽河流域地表水可开发率取 55％。辽河界河是松辽流域最重要战略水源，考虑辽河界河水资源禀赋条件、调蓄能力和经济社会发展对水资源的需求，确定辽河界河地表水可开发率取 40％的地表水可供水量为 157.3 亿 m^3。

2. 地下水可开采量

根据松辽流域第三次水资源调查评价成果，松辽流域地下水总补给量为 402.34 亿 m^3，地下水可开采量为 314.29 亿 m^3（表 5 - 4）。其中，松花江区地下水可开采量为 233.11 亿 m^3，占地下水总补给量的 79％；辽河区地下水可开采量 81.18 亿 m^3，占地下水总补给量的 76％。

二、流域可调水量

松花江区包括腹地嫩江、松花江南源、松花江干流以及松花江界河，辽河区包括西辽河、东辽河、辽河干流、浑太河以及辽河界河。根据水资源公报等资料，主要从水资源禀赋条件、供水水源结构合理性等方面，分析研究松辽流域加大开发利用规模。

由表5-5可知，松花江区腹地嫩江、松花江南源和松花江干流相对丰富，地表水资源开发率分别为27%、32%、27%。从地表水开发利用程度角度，均有部分开发利用空间。界河流域水资源相对丰富，地表水开发率较低，还有很大的开发利用潜力。

表5-5 松辽流域水资源禀赋条件及供用水结构

分　区		面积 /万 km²	水资源禀赋条件		供水结构		用水结构		加大地表水资源开发利用规模的可行性
			水资源模数 /mm	地表水禀赋条件评价	供水模数 /mm	地表水开发率/%	用水模数 /mm	农业用水占比	
松花江区	嫩江	29.35	118.50	相对贫乏	44.13	27	44.13	0.81	有部分空间
	松花江南源	7.34	250.90	相对丰富	92.15	32	92.15	0.64	有部分空间
	松花江干流	18.76	217.66	相对丰富	97.01	27	97.01	0.88	有部分空间
	松花江界河	20.93	191	相对丰富	62.18	6	32.11	0.82	有很大空间
	小计	92.11	159.57	相对贫乏与相对丰富之间	55.51	22	55.51	0.83	界河有开发利用空间
辽河区	西辽河	13.83	47.64	贫乏	37.55	44	37.55	0.85	没有空间
	东辽河	1.04	131.23	相对贫乏	76.05	40	76.05	0.75	没有空间
	辽河干流	4.49	145.06	相对贫乏	85.75	53	85.75	0.83	没有空间
	浑太河	2.77	263.19	相对丰富	193.38	57	193.38	0.55	没有空间
	辽河界河	3.20	481.22	丰富	31.69	15	31.69	0.45	有很大空间
	小计	31.40	153.97	相对贫乏与相对丰富之间	64.66	31	64.66	0.68	界河有开发利用空间

辽河区西辽河、东辽河水资源相对贫乏，且地表水开发率分别已达44%、40%，未来已没有进一步开发利用潜力；辽河干流水资源相对贫乏且地表水开发率已达53%，没有进一步开发利用潜力；浑太河水资源相对丰富，但地表水开发率已达57%，没有进一步开发利用潜力；东北沿黄渤海诸河水资源相对丰富，地表水开发率为21%，但由于水资源时空分布非常不均，仅局部区域有进一步开发利用空间。界河流域水资源丰富，且地表水开发率仅5%，有很大开发利用潜力。

由此可知，松辽流域西辽河、东辽河、辽河干流、浑太河没有进一步开发利用潜力；嫩江、二松和松花江干流随着经济社会的发展，流域水资源进一步开发利用潜力不大，界河流域还有很大的开发利用潜力，可以作为流域和全国水资源战略储备基地。根据松辽流域水资源分布特点和经济社会发展格局，流域水资源配置格局是"北水南调、东水西引"，通过谋划黑龙江省重点引水工程、吉林省重点引水工程、辽宁省重点引水工程建设，构建相应的水资源配置工程体系，支撑流域南部和西部地区经济社会发展，改善生态环境。

三、可新增供水量

现状年松辽流域供水总量为 714.35 亿 m³，其中松花江区供水量为 511.31 亿 m³，辽河区供水量为 203.04 亿 m³。通过实施在建和规划引调水工程，到 2035 年新增可供水量为 390.99 亿 m³。其中，到 2035 年新增地表可供水量为 249.65 亿 m³（本地水 82.29 亿 m³，外调水 167.36 亿 m³），再生水可供水量为 104.86 亿 m³，地下水可开采量为 36.48m³。具体结果见表 5-6。到 2050 年，松辽流域通过南水北调、东水西引等引调水工程建设，松花江和辽河流域再新增可供水量为 169.00 亿 m³。

表 5-6　　　　　　　松辽流域未来不同水平年新增可供水量　　　　　　单位：亿 m³

分　区		现状年供水量	2035 年新增可供水量					2050 年再新增可供水量
			地表水		地下水	再生水	合计	地表水
			本地地表水	外调水				外调水
松花江区	嫩江	129.52	18.32	29.09	23.22	19.91	90.54	14.51
	松花江南源	67.65	7.79	6.20	2.50	5.88	22.37	16.55
	松花江干流	181.97	11.14	23.33	3.04	14.48	51.99	12.43
	松花江界河	132.17	42.25	57.8	1.93	42.03	144.01	45.75
	小计	511.31	79.5	116.42	30.69	82.29	308.9	89.22
辽河区	西辽河	51.94	0	6.88	0	2.89	9.77	8.01
	东辽河	7.94	0	6.05	0.78	2.54	9.37	4.98
	辽河干流	38.54	0	17.63	3.39	7.40	28.42	8.01
	浑太河	53.49	0	12.68	1.62	5.33	19.63	30.01
	辽河界河	51.13	2.79	7.7	0	4.40	14.89	28.77
	小计	203.04	2.79	50.94	5.79	22.57	82.09	79.77
合　计		714.35	82.29	167.36	36.48	104.86	390.99	169.00

第六章 水资源配置模型与供需平衡分析

第一节 水资源配置思想与决策机制

一、水资源"三次平衡"配置思想

水资源"三次平衡"配置思想，主要包括：①为立足于现状开发利用模式下水资源供需平衡分析，即一次平衡；②为立足于当地水资源和现有调水规模不变的前提下，充分考虑节水和治污挖潜等条件下水资源供需平衡分析，即二次平衡；③为考虑跨流域/区域实施调水工程后水资源供需平衡分析，即三次平衡。

水资源"一次平衡"分析主要回答三个问题：①确定在无外在投资条件下未来不同时间断面供水能力和可供水量；②确定在无直接节水投资条件下水资源需求自然增长；③确定现状开发利用模式下水资源供需缺口，为确定节水、治污和挖潜等措施提供依据。

水资源"二次平衡"分析是在"一次平衡"的基础上，结合产业结构调整、节水和治污、挖潜等措施，基于当地水资源承载能力的供需平衡分析，主要回答在充分发挥当地水资源承载能力条件下仍不能解决水资源供需缺口和只能依靠调水来解决缺水的问题，为确定调水工程规模提供依据。

水资源"三次平衡"分析则是在"二次平衡"的基础上，考虑调水条件下水资源供需平衡分析，统筹考虑外调水量与当地水资源联合运用和优化配置，主要用于回答外调水量及其合理调配问题，为制定调水工程规划方案提供依据。

二、水资源配置决策机制

水资源配置问题涉及国家与地方等多个决策层次，部门与地区等多个决策主体，近期与远期等多个决策时段，社会、经济、环境等多个决策目标，以及水文、生态、工程、环境、市场、资金等多类风险，是一个高度复杂的多阶段、多层次、多目标、多决策主体的风险决策问题。流域是具有层次结构和整体功能的复合系统，由社会经济系统、生态环境系统和水资源系统组成。因此，水资源配置的本质，是按照自然规律和经济规律，对流域水循环及影响水循环的自然、社会、经济和生态环境诸因素进行整体多维调控，并遵循"水平衡决策机制""经济决策机制""生态环境决策机制"和"民主协商决策机制""宏观调控决策机制"等实施水资源配置决策。

1. 水平衡决策机制

水平衡决策机制是基于具有天然主循环和人工侧支循环二元结构的流域水资源演化关系，不仅构成了经济社会发展的资源基础，是生态环境的控制因素，同时也是诸多水问题的共同症结所在。因此，水资源可持续利用是确保经济社会和生态环境的可持续发展的前提，水资源配置首先要遵循水平衡机制。水资源配置中水平衡机制需从三个层次加以分析和考虑（简称"三层次"水平衡机制）：

"第一层次"从流域总来水量（包括降水量和从流域外流入本流域的水量）、蒸腾蒸发量（即净耗水量）、排水量（即排出流域之外的水量）之间的平衡关系考虑，分析在水资源二元演化模式下，不影响和破坏流域生态系统、不导致生态环境恶化情况下流域允许耗水总量，包括国民经济耗水量与生态环境耗水量（出河入海水量单独考虑，未包括在内），评价尺度通常为二级以上流域。由于在总来水量中通常仅有 $10\%\sim54\%$ 形成径流性水资源，差额部分的非径流性水资源为天然生态系统所消耗，约占流域总来水量的一半以上，特别在松辽流域，天然生态系统微小变化将对径流性水资源产生深刻的影响。

"第二层次"从流域或区域径流性产水量、耗水量和排水量之间的平衡关系考虑，分析在"自然-人工"二元水循环条件下径流性水资源对国民经济耗水和人工生态耗水的贡献，界定允许径流性水资源耗水量（简称径流性耗水量），国民经济用水和生态用水大致比例，评价尺度通常为三级、四级以上流域。

"第三层次"从流域、区域、计算单元供水量与需水量及用水量、耗水量和排水量之间平衡关系考虑，采用运筹学方法与专家经验规则方法相互校验的配置技术，分析在人工侧支水循环（社会水循环）条件下地表水、地下水、外调水等各种水源对国民经济各行业、各用水部门之间、不同时段的供需水平衡。

2. 经济决策机制

水资源配置经济决策机制是基于市场经济条件下的边际成本，以边际成本替代性作为抑制用水需求或增加供给的基本判据，根据社会净福利最大和边际成本替代两个准则确定合理的供需平衡水平。在宏观经济层次，抑制水资源需求是需要付出代价的，增加水资源供给也需要付出代价，两者间的平衡应以更大范围内全社会总代价最小（社会净福利最大）为准则；在微观经济层次，不同水平上抑制需求的边际成本在变化，不同水平上增加供给的边际成本也在变化，二者的平衡应以边际成本相等或大体相当为准则。依据边际成本替代准则，在需水侧统筹考虑生产力布局调整、产业结构调整、水价格调整、分行业节水等措施，抑制需求过度增长并提高水资源利用效率；在供水侧统筹安排地表水与地下水联合利用、洪水和污水资源化及矿坑水、海水淡化，增加有效供给，提高水资源对区域发展的综合保障功能。

以开源与节流的关系为例，当开源边际成本高于节流边际成本时，节流在经济上就成为合理的手段；当地水资源开源与节流边际成本相等且高于跨流域调水边际成本时，跨流域调水在经济上就成为合理的手段。对不易定量的生态系统，可以同等效应的资源环境配置成本作为生态环境的价值标准。具体方法是，将生态系统划分为若干由单种植被表征的子系统，对每种天然植被以同等的人工植被价值加权赋值，赋值后与人工生态系统具有了可比性，从而在水资源配置时可以统一考虑。

3. 生态环境决策机制

为保持水资源和生态环境的可再生维持功能，在社会经济发展与生态环境保护之间确定合理的平衡点十分重要。水资源配置时，生态环境合理性判定标准有两条：一是整体生态环境状况应当不低于现状水平，在此基础上考虑人工生态效益增加和天然生态系统可能带来的损害；二是必须满足生态环境保护准则中关于天然生态环境保护的最低要求，以维护生态系统圈层结构的稳定。根据《全国水资源综合规划大纲》的要求，生态环境需水是指为维持生态与环境功能和进行生态环境建设所需要的最小需水量，特指对径流性水资源的需求量，依靠降水的天然区和人类活动区不在此列。在国外通常以水文学、水力学、生态学为基础，分别研究各项生态环境需水量，常用的方法如 7Q10 法、Tennant 法（蒙大拿法）、湿周法、IFIM 法（河道内流量增量法）等，分项提出各项最小需水量，取各项需水量的外包过程线作为生态需水过程量。但对于水资源短缺的流域，按此确定的生态环境需水量与国民经济需水量之和远大于径流性资源量。因此，必须将水资源开发利用与社会经济发展、生态环境保护放在流域水资源演变和生态环境变化的统一背景下研究，以流域为基础，以经济建设和生态环境安全为出发点，根据水分条件与生态系统结构的变化机理，在竞争性用水的条件下通过利益比较和权衡，实施国民经济用水与生态环境用水统一配置，使生态系统保持相对稳定和功能的协调。

4. 民主协商决策机制

水资源配置涉及上下游、左右岸的利害关系，需要全面规划、统筹兼顾，通过民主协商，协调好各方面利害关系。无论是在配置方案拟定和论证过程中，还是在运行调度方案拟定和实施过程中，都要广泛征求各方面的意见，以合约和文件等形式达成一致意见。经过政治民主协商，以协调地方、部门的利益分配，达到兼顾优化流域水资源配置的效率与效益目标，缩小地区差距，保障各方利益的公平目标。

5. 宏观调控决策机制

水资源既是自然资源、经济资源和战略资源，又是人类共享的基础性资源。水是万物之母、生存之本、文明之源、生态之基，不仅影响人类的生活水平和生活质量，还涉及国民经济各个部门，直接关系经济的可持续发展和人口、资源与环境的协调发展。因此，在水资源配置过程中，必须充分发挥政府的宏观调控作用，对流域水资源实施"宏观总量控制和微观定额管理"，对流域内各类配置工程布局和开发方案进行宏观调控和科学决策，充分发挥市场对水资源配置的基础性作用，通过水权制度建设逐步实现水资源由行政配置向用户参与式配置和市场配置转变，提高水资源配置效率和效益，并确保水资源的可持续利用。

第二节　水资源配置总体思路与原则

一、配置总体思路

以习近平新时代中国特色社会主义思想为指导，贯彻落实"节水优先、空间均衡、系统治理、两手发力"治水思路，根据松辽流域水资源禀赋条件和生态环境保护与高质量发展布局，采取"积极引用界河水，科学拦蓄过境水，合理调配境内水，充分利用再生水，切实保护和压采地下水"的配置思路，以"生产空间集约高效、生活空间宜居舒适、生态空间山清水秀"为导向，以最严格的水资源管理制度"三条红线"控制指标为强制性约束，合理开发利用和有效保护水资源，到 2050 年全面建成全流域集"日常供水水源-应急水源-战略储备水源"三重安全保障的"城乡一体化供水体系"和"河（渠）湖（库）相连-井渠双灌"相结合的生态型现代化灌溉体系，以及集"水质净化-水景观-地下水回灌补源"于一体的河湖生态水系等三大体系，形成"九横八纵"的水资源配置总体格局，构成当地水、地下水、外调水、非常规水"北水南调,东水西引"的供水安全保障总体空间布局。确保松辽流域水资源供需矛盾得到彻底解决,主要湖泊湿地(国家级、省地市级湿地)面积恢复到 20 世纪 70 年代末水平,重现北大荒原生态美景;地下水动态全面回升,重要区域地下水动态回升到 20 世纪 70 年代末水平。

1. 地表水资源配置思路

地表水资源主要包括界河水、过境水和当地地表水资源。现有蓄水工程通过配套工程及除险加固、清淤等工程建设,尚有进一步扩大供水规模的潜力。此外,大多界河水和过境水等引调水工程也有进一步扩大规模的潜力。目前,松辽流域已建在建大型蓄水工程共有 103 座,总库容 940 亿 m³,其中松花江区 53 座、总库容 505 亿 m³,辽河区 50 座、总库容 434 亿 m³;现有引调水工程共有 30 处,其中跨一级区 3 处,跨二级区 3 处。目前,地表水资源开发率超过 40% 的流域有:西辽河、东辽河、辽河干流和浑太河,低于 10% 的流域主要为界河流域。未来将优先开发地表水资源开发利用程度低的流域,以解决各流域间水资源开发利用不均衡不充分问题。

2. 地下水资源配置思路

近三四十年来,由于长期持续大量开采地下水,导致局部区域地下水位持续下降。其中,平原区浅层地下水开采率超过 40% 的流域有:西辽河、东辽河、辽河干流、浑太河和松花江干流及松花江界河部分区域(黑龙江干流),低于 10% 的流域有:松花江界河部分区域(额尔古纳河、绥芬河、图们江)和辽河界河。未来松辽流域要严格实行地下水水量与水位"双控"管理,严禁在超采区新增农业灌溉、工业建设项目和服务业等扩大地下水开采规模,特殊行业及特殊用水单位应严格限量地下水开采,开采量要小于可开采量。

未来地下水资源配置思路为:优先关停深层地下水开采机井,逐步压减浅层地下水超采规模,并通过引调优质水源置换工程等方式,将现有的城乡集中供水地下水源逐渐转为应急水源或战略储备水源,积极创造条件扩大渠灌面积和压减井灌面积,通过河湖水系连通工程、渠灌工程等实施地下水"点-线-面"回灌补源,有效缓解地下水过量开采带来的诸多问题,并尽快恢复地下水资源战略储备功能。

3. 外调水源配置思路

松辽流域要按照"调得进、容得下、配得优、用得好"的要求,大力推进大伙房输水工程、吉林中部引松供水工程、引绰济辽工程、大连供水工程等北水南调和东水西引工程及输配水管网与配套灌区建设,不断完善受水区"增-蓄-补-减"工程体系,最终形成较完备的"北水南调,东水西引"战略配置总体格局,确保全流域城乡饮用水安全和国家粮食安全,并积极实施河湖水系生态补水及河湖复苏计划,不断改善和提升河湖水系水生态、水环境和水景观状况,为地下水回灌补源创造条件。

鉴于外调水水量充沛和水质优良,未来主要供水目标是城乡居民生活、第三产业、食品和药品及高精尖工业等用水,同时兼顾农业灌溉与生态补水。在外调水工程建成通水初期城乡供水规模尚未达产和很难足额使用的情况下,可考虑用于河湖水系生态补水及地下水回灌补源等,尽快发挥外调水工程的综合效益。

4. 再生水源配置思路

根据《水污染防治行动计划》(水十条,2015 年)总体要求,结合松辽流域水资源开发利用形势和污水处理及再生利用总体安排，预计到 2035 年和 2050 年工业用水重复利用率分别控制在 95％和 97％以上，再生水利用率分别控制在 55％和 60％以上。考虑污水处理及再生水利用配套设施建设的经济技术可行性，未来松辽流域再生水利用能力将有大幅度增加，预计到 2050 年再生水可供水量将达 110 亿 m³ 以上，可满足一些工业企业、河湖补水、绿化和环卫用水等。

二、配置基本原则

根据新时代新发展理念和新发展格局，结合水资源开发利用现状及存在的问题，松辽流域水资源配置应遵循以下五项基本原则。

1. 人水和谐与协调发展的原则

社会经济用水与生态环境用水的合理分配比例是实现人水和谐、保障生态文明与协调发展的关键。要统筹协调生活、生产、生态用水，优先满足生活、工业和最小生态用水；统筹协调河道内与河道外、城镇与农村用水；统筹协调不同区域之间、河流上下游与左右岸之间的竞争性用水矛盾。

2. 严格用水总量控制的原则

以水定需、量水而行，因水制宜，把水资源作为最大的刚性约束，坚持以水定城、以水定地、以水定产，倒逼产业转型升级，推动经济社会发展与水资源承载能力相协调，满足并保障资源节约型和环境友好型社会建设。根据最严格的水资源管理制度三条红线控制指标，严格将用水总量控制在用水总量控制指标以内。

3. 优先保障生活用水，合理安排工业和农业生产用水、统筹生态用水的原则

以人为本，居民生活用水应优先满足，并合理安排生产用水和统筹生态用水。生产用水需要统筹考虑经济效益和社会效益，特别是在市场经济条件下，对于相同行业应优先满足经济效益高的区域用水需求。同时，要兼顾考虑公平性，对于相同行业各区域间缺水率尽量保持大致均衡，遵循浅宽式破坏的原则。此外，优先积极申请外调水，充分利用境外水，科学拦蓄过境水，合理引用再生水，统筹考虑生态环境用水需求。

4. 优先利用界河水、外调水、过境水和当地地表水、再生水，合理利用地下水的原则

在水资源配置中，优先利用界河水、外调水、过境水和当地地表水、再生水，合理利用地下水与外调水。对于已出现地下水超采现象的区域，未来要适时压减和调整地下水开采规模及布局，严格控制地下水开采上限。

5. 优先保障重点用水、实施多水源调配的原则

坚持高效、公平、可持续利用的原则，优先保障城乡饮用水安全、粮食安全、产业安全，合理调整产业结构和布局，减少高耗水、重污染行业发展规模；实施"节水优先、治污为本、多渠道开源"战略，统筹安排各类水源统一调配。

第三节　水资源配置模型与系统软件

一、水资源配置模型研究现状

随着全球人口不断增长和经济快速发展，人类对水资源需求迅速增加，水资源供需矛盾日益突出。同时，由于水资源大规模开发利用造成的生态环境恶化问题日益显现，逐渐

提到各级政府的议事日程上来，水资源开发利用的有效性、公平性、可持续性越来越受到人们的普遍关注，水资源科学合理配置将是解决各类水资源问题、缓解水资源供需矛盾、消除水资源危机所采取措施的重要环节。纵观国内外水资源配置技术手段研究工作，国外研究在利用计算机技术开发先进的水资源模拟计算软件产品上处于领先优势，所涉及的不仅是水量问题，对水质问题也予以充分研究和探索，开发的水资源模拟计算或水资源配置系统模型具有较高的应用价值。而我国由于对水资源配置系统软件开发尚缺少必要的资金投入，而管理、监测力度不够造成的基础资料严重短缺、使水资源配置模型开发，特别是商业软件产品开发，与国外还存在较大差距。然而，鉴于我国水资源严重短缺、水资源供需矛盾突出、与水有关的生态环境问题严重，我国各级政府长期以来极为重视水资源的开发利用与节约保护，我国水资源配置理论研究和规划管理及决策实践等方面具有明显优势，并取得了较好的成绩。

（一）国外研究现状

国外较为成熟的水资源配置模型有很多，其中比较有代表性的包括：Mikebasin、Waterware、Aquator、Aquarius、BOSS ARSP^{TM}、IQQM 等。

1. Mikebasin

Mikebasin 是由丹麦水利与环境研究所（DHI Water & Enviorment）研制的基于 GIS 平台的通用集成式流域水资源规划管理决策支持软件。其最大的特点是基于 GIS 开发和应用，所有建模功能均在地理信息系统软件 ArcView 中实现，提供不同时空尺度流域水资源规划与管理决策支持。Mikebasin 具有如下专业功能和特点：①以流域河流水系为主干，工程、用户、汇水点为节点动态模拟水资源配置系统，以节点和连线控件构建流域系统图，自动生成"数字化"的系统网络，可方便定义各类对象及其属性；②考虑地表水与地下水联合供水，以地下水库模拟地下水变化过程，考虑不同方式下的水库运行以及水库群联合调度供水，考虑河道最大过流能力和最大流量要求等约束，对于灌溉类用户可以专门制定灌溉制度，对系统中水电站和污水处理厂设置相关计算模块；③系统供水量配置以用户优先级为基准，优先序分为全局优先序和局部优先序，其中全局优先序由一系列规则组成，主要与用户可利用水源以及用户可能的缺水程度相关联，局部优先序主要是对水源的具体配置而制定，是定义在全局性规则下各用户对水源利用更为详细的规则，通过这些优先序或规则指导模型计算，同时这些规则也可被修改；④以规范的模式开发软件，具有较强的可移植性和可扩展性，根据需要和资料条件嵌入其他功能模块，如以流域数字高程模型自动生成流域水系图、降雨径流模型、点源与非点源污染计算、水质模拟模块及生态娱乐需水模块等。

2. Waterware

Waterware 是奥地利环境软件与服务公司（Environmental Software and Services）开发的流域综合管理软件。其功能包括流域水资源规划管理、水资源配置、污染控制以及水资源开发利用环境影响评价，软件中集成了 GIS 分析工具、模拟模型和专家系统，以面向对象数据库为支持，结合 GIS 直观显示分析结果，配以超媒体的使用帮助并可以 Web 方式发布数据。

Waterware 立足于社会经济、环境和技术三个方面分析流域水资源问题，其中社会经济包括经济效益分析、经济结构以及管理手段，环境方面包括水质及其相应分配模式，技术方面包括水源利用效率、各类用水约束、水资源循环利用等。模型以面向对象技术构建计算模型，主要对象包括：子流域、水库及其他重要的水工建筑物、需水节点（城市、工业区、农业灌区、湿地）、重要监测站点、河道网络系统（河段、分水汇水节点）。模型中用户需水由水质控制，用水量分为耗水量、重复利用量和排水量三部分组成，其中排水又作为水质计算模块的数据输入部分，生活、工业、农业以及环境用水配置在水质控制约束下以效益最大化为目标。Waterware 已在英国泰晤士河、墨西哥莱尔玛·查帕拉河、马来西亚吉兰丹河等流域得到了应用。

3. Aquator

Aquator 是苏格兰水务公司（Scottish Water Companies）和苏格兰环保局（Scottish Environment Protection Agency）合作开发的流域水资源系统模拟软件。该软件以水资源多目标优化配置为核心，以水资源传输网络为约束，以水资源利用的边际效益最大为目标，实现不同供需状况下多种水源的合理配置。为完整描述水资源系统，Aquator 采用组件（COM）式技术建立水资源系统网络，并提供多达 24 种控件描述水库、取水点、汇水点、污水处理与水量转移有关的对象，还有组件组（Component Groups）用以描述引水点群、水库群等，同类组件可以复制、修改。

Aquator 主要特点是其开放式的组件式结构体系，使用了各种最新的计算机技术，使得软件便于用户使用。水资源系统中各类主要对象均以组件模块表达，并通过面向对象编程技术实现各类主要对象对其属性和方法的封装。通过友好的人机交互界面，用户可以用积木搭建的拖放式工作完成通过以对象控件及其关系完成对水资源系统概化模拟。由于采用符合微软公司提出的开放式 COM 结构体系开发，Aquator 可很容易加入符合标准的第三方组件，如可添加完整的水文模型 HYSIM（Hydrological Simulation Model），具有较强的扩展性，同时也可以 VBA 完成模型定制（Customization），使得专业人员容易实现模型功能部分修改和加强。

4. Aquarius

Aquarius 是由美国农业部（USDA）和科罗拉多州大学（Colorado State University）合作开发的流域水资源配置通用模型。Aquarius 从 20 世纪 90 年代初提出至今已经发展成为一套比较完善的流域水资源配置工具。Aquarius 是以面向对象为基础的水资源配置模型，模型以概化建立水量转移网络为基础，采用各类经济用水边际效益大致均衡为经济准则进行优化。该模型以面向对象技术构架系统，将水传输网络图中各类概化后的各种组成部分以面向对象编程技术中的类对象表达，并将其设计为符合软件标准的 COM 组件，模型采用非线性规划技术寻求最优解，整个模型采用 C++编制。

模型综合考虑流域内与水资源系统密切相关的客观实体，并将其有机耦合在一个整体框架之中。模型中所涉及的主要对象包括：水库、水电站、农业灌区、市政以及工业用水户、河道类用水需求、娱乐用水需求、生态保护需求以及各类汇水节点、分水节点和取水节点等。

5. BOSS ARSP^{TM}

BOSS ARSP^{TM}（Acres Reservoir Simulation Program）是由 BOSS International 资助 Acres 国际公司（Acres International Corporation）开发的功能强大的水资源系统模拟

软件。ARSP 主要功能为模拟包含复杂水库系统的水资源系统配置，分析不同运行方案下的经济效益，得出多用户竞争性用水条件下的协调解。BOSS ARSP™ 模型核心是以概化方式反映流域中水资源工程、节点以及用水户，得到水资源系统图。该模型所设定的流域水资源网络图包括两个层次。其中第一个层次是节点关系图（Link - node Schematic），主要是将系统中水库、分汇水点等概化为节点（Node），而连接节点的天然河道或人工渠道则以弧线（Arc）表达，每条弧线均包含上下游节点、过流量约束等属性。在确定了水量转移路径后，BOSS ARSP™ 以水量转移网络图（Arc - Node Network）描述系统水量转移及其效益。在水量转移网络图中，为便于优化程序应用，与动态规划中状态离散相类似，BOSS ARSP™ 将所有存在水量转移的状态离散化，即对于每种水量可能存在的传输路径均在其可行范围内给出一组水量传输数据，离散化精度根据需要、计算规模以及计算机性能确定，最后给出全局优化下各条水量传输的结果。

6. IQQM

流域水量水质综合模拟模型（Integrated Quantity and Quality Model，IQQM）是用于流域水资源调查评价以及规划管理的模拟软件。该软件由澳大利亚新南威尔士水土保持部（NSW Department of Land and Water Conservation，DLWC）开发。该软件可以实现同时包括水库调度、农业灌溉以及湿地保护等模块，并完成以天为时段的模拟计算。该模型可以多种计算时长并存，对于水质可实现以年为周期的长期模拟，对于时长要求细化的计算可以小时为时长模拟计算。

IQQM 的特点在于对系统水量和水质同步模拟。其中，水量模拟集成萨克拉门托降雨-径流模型（Sacramento Model）、河道水量演算模型、水库调度模型、灌溉用水模型、生活及工业用耗排水模型、湿地及环境需水模型，可以计算得到由降雨产生得到地表水资源量后形成的水资源循环过程，同时考虑了地表水与地下水转化过程、外流域调水、水电站用水以及水量传输损失等因素；水质模拟部分包括消耗性和非消耗性污染物运动，例如，氮磷、DO、BOD、大肠菌及藻类等主要环境类指标，同时在气候模型中考虑蒸发以及温度对水量水质的影响。IQQM 在以地表水量水质为主要模拟目标前提下，使用两种独立的方式建立地下水模型，一种是假定地下水与地表水之间相互转化主要是在冲积平原区产生，以此设定地表水与地下水边界，以导水率为主要条件计算地下水开采、蒸发和地表水回补形成的平衡；另一种是直接应用成熟的地下水模拟模型 MODFLOW，地表水与地下水相互转化速率由实时的地表水与地下水之间水位差计算，并采用数学方法调和两个模型时间尺度差异。

除上述模型软件以外，还有许多学者提出很多研究框架和思路，取得了丰富的研究成果。埃及水问题研究中心（National Water Research Center）的学者 Khaled Kheireldin 和 Aly El - Dessouki 提出面向对象编程技术（OOP）在水资源管理模型中应用的优势，重点分析水资源系统符合面向对象思想的天然特点，论证 OOP 构建的水资源模拟系统强健性和可扩展性。德国学者 Abt. Geoinformatik 和 Löbdergraben 提出基于 GIS 的水文网络模型开展水资源综合管理的框架。其基础是以流域水文单元划分系统分区，建立流域水资源供需平衡分析模型。美国哥伦比亚大学（Columbia University）的教授 Tony Prato 提出以 GIS 为平台反映人工决策影响及反馈调整的流域水资源及土地利用综合评价系统框架。

美国西弗吉尼亚州大学（West Virginia University）的 Nalishebo Nally Kaunda 等提出面向对象 GIS 系统（OOGIS）构建水资源管理系统框架，并重点描述从水资源系统实体与 GIS 中对象的对应关系，从而建立 OOGIS 的基本框架，并以由 ARC GIS 完成的实例说明 OOGIS 在数据和方法组织以及准确反映客观现实上所具有的优势。

（二）国内研究现状

"水资源优化配置"一词，在我国正式出现于1991，它开拓了专门以流域或区域水资源配置以及相关问题为主的研究方向。在联合国开发计划署技术援助项目"华北水资源管理（UNDP CPR/88/068）"支持下，中国水利水电科学研究院首次研制出华北宏观经济水资源优化配置模型，开发出京津唐地区宏观经济水资源规划决策支持系统，包括由宏观经济模型、多目标分析模型和水资源模拟模型等 7 个模型组成的模型库，由 Oracle 软件及 ARC/INFO 软件支持的数据库和多级菜单驱动的人-机界面等，实现各模型之间连接与信息交换。与此同时，国家科委和水利部启动"八五"国家重点科技攻关专题"华北地区宏观经济水资源规划理论与方法"，作为其成果于 1997 年正式出版我国水资源优化配置研究方面的第一部专著《华北地区宏观经济水资源规划理论与方法》，系统阐述基于宏观经济的水资源优化配置理论技术体系，包括水资源优化配置的定义、内涵、决策机制和水资源配置多目标分析模型、宏观经济分析模型、模拟模型以及多层次多目标群决策计算方法、决策支持系统等。而后，中国水利水电科学研究院、黄河水利委员会、河北省水利水电规划设计研究院和长江水利委员会等单位分别依托亚行松辽流域项目、世界银行黄河流域经济模型、河北省水资源宏观经济规划项目、新疆北部地区水资源可持续开发利用项目以及南水北调项目等，开发和改进了功能各具特色的水资源配置优化模型和模拟模型，对于解决我国流域/区域水资源综合规划等问题，取得了较好的效果。

甘泓等基于邯郸市水资源管理项目，率先在地市一级行政区域内研发出水资源配置动态模拟模型，并开发出界面友好的水资源配置决策支持系统。王忠静等（1998）根据可持续发展理论，提出一种交互式宏观多目标优化与方案动态模拟相结合的决策支持规划思想和操作方法，用分段静态长系列法模拟水资源系统的动态特性，开发出规划决策支持系统。尹明万等根据大连市大沙河流域水资源实际情况，研制出第一个针对小流域规划的水资源配置优化与模拟耦合模型，填补我国在小流域规划方面的空白，受到了当地政府和专家的高度评价。李令跃等（2000）从可持续发展观念的内涵出发，研讨水资源合理配置及承载能力的基本概念、内涵、特性、主要研究内容及分析方法等，并在此基础上讨论了水资源合理配置及承载能力与可持续发展观念之间的相互关系，对规范水资源规划与管理研究具有重要的指导意义。

"九五"时期，国家启动"九五"国家重点科技攻关项目"西北地区水资源合理开发利用与生态环境保护研究"，中国水利水电科学研究院将水资源配置的范畴进一步拓展到社会经济-水资源-生态环境系统，配置的对象也发展到同时配置国民经济用水和生态环境用水，并且研究和提出生态需水量计算方法等，并于 2003 年编撰并出版专著《西北地区水资源合理配置与承载能力研究》。杨小柳等结合新疆的实际情况，研制出第一个可适用于巨型水资源系统的智能型模拟模型，该模型有两个突出特点：一是考虑生态供水的要求；二是水系统巨大，要素众多，为保证计算精度和加快计算速度，模型中采用智能化技术，并于 2003 年编撰并出版专著《新疆经济发展与水资源合理配置及承载能力研究》。谢新民等根据宁夏的实际情况和亟待研究解决的问题，基于社会经济可持续发展和水资源可持续利用的观点，利用水资源系统分析的理论和方法，首先分析和确立宁夏水资源优化配置的目标及要求，建立起水资源优化配置模型系统，由 4 个计算模型和 2 种模式所组成：浅层地下水模型、需水预测模型、基于灌溉动态需水量计算的水均衡模型、目标规划模型，以及南部山区当地水资源高效利用模式、引黄灌区地表水与地下水联合高效利用模式。通过各模型之间不断交换信息、循环迭代计算，对各种方案进行分析和计算。然后建立能评价和衡量各种方案的统一尺度，即评价指标体系，利用所建立的评价模型对各方案进行分析和评价。最后研制出水资源配置智能型决策支持系统，可友好地为决策者或决策部门提供全面的决策参考和可供具体操作、实施的水资源优化配置推荐方案，为宁夏水资源合理开发和可持续利用提供决策支持，并于 2002 年编撰并出版专著《宁夏水资源优化配置与可持续利用战略研究》。

王浩等（2001）在"黄淮海水资源合理配置研究"中，首次提出水资源"三次平衡"的配置思想，系统地阐述基于流域水资源可持续利用的系统配置方法，其核心内容是在国民经济用水过程和流域水循环转化过程两个层面上分析水量亏缺态势，并在统一的用水竞争模式下研究流域之间的水资源配置问题，是我国水资源配置理论与方法研究的新进展，并于 2003 年编撰并出版专著《黄淮海流域水资源合理配置》；王劲峰等（2001）针对我国水资源供需平衡在空间上的巨大差异造成了区际调水的需求，提出水资源在时间、部门和空间上的三维优化分配理论模型体系，包括含 4 类经济目标的目标集、7 类变量组合的模型集和 6 种边际效益类型的边际效益集，由此组成 168 种优化问题，并提出一种解析解法。王浩等（2002）系统地阐述在市场经济条件下水资源总体规划体系应建立以流域系统为对象、以流域水循环为科学基础、以合理的配置为中心的系统观，以多层次、多目标、群决策方法作为流域水资源规划的方法论等。谢新民等（2002）依托河南省水资源综合规划试点项目，根据国家新的治水方针和"三先三后"的原则，在国内外首次建立基于河道内与河道外生态环境需水量的水资源配置动态模拟模型，并于 2003 年编撰并出版专著《水资源评价及可持续利用规划理论与实践》，无论从规划思想、理念和理论上，还是从模型技术、仿真与求解方法上都有所创新和突破，该模型是一个充分反映水资源系统多水平年、多层次、多地区、多用户、多水源、多工程的特性，能够将多种水资源进行时空调控、动态配置和优化调度模拟有机结合的模型系统，为科学制定各种水源配置方案提供强有力的技术支撑。

在水资源配置研究的具体实现手段上，近年来国内学者也提出不同的技术方法，并作了大量应用研究。王增发等（2000）针对现有水资源模型大都围绕局部地区的不同水源和用户进行研究，提出江河水资源分配模型，将水库最优放水流量以及下游河段的区间入流按用户或河段进行分配，使全河获得最大效益，并应用优化模型和实用折扣模型进行求解。贺北方等（2002）研究和提出一种基于遗传算法的区域水资源优化配置模型，利用大系统分解协调技术，将模型分解为二级递阶结构，同时探讨了多目标遗传算法在区域水资源二级递阶优化模型中的应用。赵建世等（2002）在分析了水资源配置系统的复杂性及其复杂适应机理分析的基础上，应用复杂适应系统理论的基本原理和方法，构架出全新的水资源配置系统分析模型。张会言等（2002）提出我国西北地区水资源供需分析的原则、方法和工程条件，开展远景水平年水资源供需分析，得出黄河流域及新疆等西北内陆河区域水资源配置方案。冯耀龙等（2003）系统分析面向可持续发展的区域水资源优化配置的内涵与原则，以国内生产总值、粮食产量、区域 BOD 排放总量等涉及社会经济等多个指标作为优化目标，建立优化配置模型，以逐步宽容约束法来求解该多目标模型，并以天津市为对象进行了应用研究。谢新民等（2003）针对珠海市水资源开发利用面临的问题和水资源管理中出现的新情况，采用现代的规划技术手段，根据国家新的治水方针，建立珠海市水资源配置模型——基于原水-净化水耦合配置的多目标递解控制模型，并通过 3 种配置模式和 750 多种配置方案的模拟计算和综合对比分析，最后给出 2 种优先推荐的配置模式和 70 余个推荐配置方案，为珠海市未来 20 年时间尺度上水资源优化配置和统一管理提供科学依据。左其亭等（2003）撰写了一部反映水资源规划与管理最新研究思路的学术专著《面向可持续发展的水资源规划与管理》，该书重点介绍了"面向可持续发展的水资源规划与管理"研究所需的理论基础知识，包括水资源量和水资源消耗量的估算、生态用水量计算、社会经济系统变化预测、水量-水质-生态耦合系统模型研究、水资源系统优化技术与理论等。裴源生、赵勇等（2005）提出广义水资源合理配置的理论技术体系，于 2006 年正式出版《经济生态系统广义水资源合理配置》学术专著，重点介绍广义水资源合理配置的内涵、内容、科学基础、研究框架、调控体系、全口径供需平衡方法和后效性评价体系等最新成果。王浩、谢新民和魏传江等（2006）提出考虑水资源多种属性功能的全要素配置概念，在摸清水资源家底和已有相关规划的基础上，实现水资源各要素在生态环境与经济社会两大系统之间、地域和地域之间、城市与农村之间、不同国民经济用水主体之间、消耗性用水（如灌溉、工业、生活和河道外生态用水等）与非耗用性用水（如航运、发电、河道内生态用水等）行业之间的系统配置，并得到科技部和水利部认可，于 2008 年被正式立项，列入"十一五"国家科技支撑计划项目"东北地区水资源全要素优化配置与安全保障技术研究"予以重点支持。在课题负责人魏传江教授等带领下，通过问题导向型的科技创新、学科交叉与理论探索，于 2010 年率先提出较完备的水资源全要素配置理论技术体系，为科学配置和高效利用宝贵的水资源奠定了坚实的理论基础。王浩、甘泓、蒋云钟等（2007）研制出一整套流域及区域通用化水资源供需分析及配置模型分析系统软件，包括基于专家规则的水资源供需平衡分析模型、基于优化技术的水资源供需平衡分析模型的 2 个核心模型，需水预测模块、节约用水模块、水资源保护模块、供水预测模块、流域水量平衡分析模块、多目标方案比选模型等 7 个辅助模块，以及水资源网络概化图绘制软件、数据库综合维护 2 个基础模块，共 9 部分内容，软件系统采用 C/S 体系结构。谢新民、苟新诗、杨丽丽等（2009）提出一套面向城市供水安全的反映生活、生产和生态环境用水需求的城市水资源配置工程网系统理论技术体系，并于 2010 年正式出版《城市水资源配置工程网规划理论与实践》学术专著，系统反映了当前我国城市水资源配置工程网规划的前沿研究动态和最新成果。王浩、秦大庸、周祖昊和桑学锋等（2010）提出基于 ET 的水资源配置理论技术体系，包括理论内涵、调控机制、基本原则、目标、决策思路，以及以耗水量控制为核心的七大总量控制指标等。严登华等（2012）提出基于低碳发展模式的水资源合理配置模型，建立以水量平衡、碳平衡、碳水关系指数、水利工程碳排放/捕获效益、地下水水位、最小供水率、生态环境用水、应急水源为约束的合理配置模型。张守平等（2014）提出流域/区域水量水质联合配置模型理论方法，提出基于水功能区纳污能力的污染物总量分配优化模型，分析分质供水的实现方式以及不同模块之间的耦合关系。王浩、游进军（2016）回顾我国水资源配置研究不同发展阶段，并分析最严格水资源管理制度下量、质、效三个层次对水资源配置的综合需求，开创性展望了未来的发展方向。桑学锋等（2018）面向水资源管理实践需求，开发了水资源综合模拟与调配模型 WAS。谢新民、李丽琴和周翔楠等（2019）研发出一种基于地下水"双控"的水资源配置模型，结合国家对地下水"双控"管理的需求，提出一种基于水资源"三次配置"的多重循环迭代算法，为面向人水和谐的水资源配置和地下水"双控"管理提供一种全新的模型工具。杨明智等（2022）将分布式水文模拟和水资源配置模拟动态结合，开发了基于水循环的分布式水资源调配模型。

总之，我国水资源配置模型研究是基于问题导向和目标需求导向的研究，所开发出的模型和计算软件符合实际需求，是根据国家的发展战略和发展新理念、新格局的变化而不断发展和进步的，具有鲜明的中国特色。

二、模型与系统软件简介

水资源配置是将流域水资源循环过程与人工侧支循环供、用、耗、排水过程相适应并互相联系为一个整体，通过对流域/区域之间、用水目标之间、用水部门之间进行水量和水环境容量合理调配，实现水资源开发利用、流域/区域经济社会发展与生态环境保护的协调，促进水资源高效利用，提高水资源承载能力，缓解水资源供需矛盾，遏制生态环境恶化，支持经济社会可持续发展。水资源配置以水资源供需分析为手段，对现状水平年水资源供需平衡分析和对各种合理抑制需求、有效增加供水、积极保护生态环境的可能措施进行组合及分析的基础上，对各种可行的水资源配置方案进行生成、评价和比选，提出推荐方案。

水资源配置以水资源调查评价、水资源开发利用现状调查评价为基础，依托需水预测、节约用水、供水预测、水资源保护等开展不同组合方案长系列逐月调节计算和对比分析，提出的推荐方案应作为制定总体布局与实施方案的基础。在分析计算中，数据分类口径与数值应保持协调，成果互为输入与反馈，方案与各项规划措施相互协调。水资源配置主要内容包括基准年水资源供需平衡分析、方案生成与规划水平年供需平衡分析、方案比选和评判等。水资源供需平衡分析在流域和行政区范围内以计算分区（单元）进行，对城镇和农村须单独划分。流域与行政区方案和成果应相互协调，提出统一的水资源供需平衡分析结果和推荐方案。水资源供需平衡分析计算一般采用长系列逐月调节计算方法，以反映流域或区域水资源供需平衡特点和规律，主要水利工程、控制节点、计算分区月径流系列应根据水资源调查评价和供水预测部分的结果分析确定。

水资源配置在多次供需平衡调算反馈并协调平衡的基础上，一般进行 2～3 次水资源供需平衡分析。水资源供需平衡分析时，除考虑各水资源分区水量平衡外，还应考虑流域控制节点水量平衡。水资源配置应充分利用水资源保护部分工作的有关成果，分析水功能区或控制节点的纳污能力与污染物入河控制量，对入河污染物量和水资源量进行时空调配。此外，在计算分区与控制节点水量平衡时，应考虑水质因素，即供需平衡分析中供水应满足不同用水户的水质要求，对不满足水质要求的水量不应计算在供水量中。通过流域和区域、水利工程及节点/断面水资源供需平衡分析，提出流域和区域供水量和供水保证率，缺水量及缺水破坏程度、水资源开发程度、水利工程供水量和供水保证率、弃水量、输水管道/河道过流能力、各节点/断面过水量，不同水源利用效率和利用消耗率，不同水源利用比例、地下水利用状况和利用策略，以及各种工程措施或因素（节水、治污、经济结构调整、工程布局、城市化发展、社会发展水平等）对水资源供需平衡结果的影响等。

水资源配置模型实际上是一个模型系统，由相关的功能模块组成，具有开放式的模块结构，根据需要可以随意增减功能模块，以适应流域和区域水资源动态规划和管理的需要。

（一）建模思路

水资源配置模型，以水资源配置系统网络图"点-线-面"水量平衡关系作为水资源平衡计算的基础，包括流域或区域分区水资源供需平衡及其水资源供、用、耗、排过程的水量平衡、水量转化和水源转化平衡分析等。其中，"点"水量平衡计算主要对象为水资源配置系统网络图中各节点，包括计算单元节点、水利工程节点、分水汇水节点、控制断面等，其平衡关系为计算单元供需平衡、水量平衡、水量转化关系、水源转化关系，水利工程水量平衡和分水汇水节点或控制断面水量平衡等；"线"水量平衡计算主要对象为水资源配置系统网络图中各类输水线段，包括地表水输水管道、渠道、河道、跨流域调水工程线路、弃水传输线路、污水排放传输线路等，其平衡关系为供水量、损失水量和接受水量之间平衡、地表水与地下水之间水量转化关系等；"面"水量平衡计算主要对象为流域或完整区域，其平衡关系为流域或区域水资源供需平衡、水量平衡和水量转化关系。将水资源配置系统网络图中各类水量平衡关系概化为对系统网络图"点""线""面"对象关系的供需平衡、水量平衡和水量转化计算的描述，有助于对整个水资源配置系统网络图各类"点""线""面"对象关系的理解、有助于对各类水源变化的认识和处理、有助于设计和建立相应的计算规程、有助于对模型运行结果的分析，可极大地提高模型系统运行有效性。

在水资源配置系统网络图描述方面，采用多水源（地表水、地下水、外调水及污水处理回用水），多工程（蓄水工程、引水工程、提水工程、污水处理工程等），多水传输系统（包括地表水传输系统、外调水传输系统、弃水污水传输系统和地下水的侧渗补给与排泄关系）的系统网络图描述方法。该方法使水资源配置系统网络图中各种水源、水量在各种调蓄情况及来去关系都能够得到客观、清晰的描述；在配置方案方面，需要考虑系统网络图内不同流域或区域、各工程方案组合，各水平年需水量、来水量以及污水处理与回用能力、地下水可开采量、工程运行规则、各种参数等；在结果分析方面，主要包括系统网络图"点""线""面"对象关系的水平衡分析，系统内各分区供水量及供水能力分析，供水效益分析，以及水源利用情况、弃水情况、污水排放情况、工程分水情况、河流与渠道过流情况及系统发电量分析等，并对各模拟计算方案综合分析比较，寻找出合理可行的工程组合推荐方案。

（二）系统概化与网络图

水资源配置系统网络图是各类物理元素（如水平衡计算单元、水利工程、河道、渠道交汇点）之间通过线段（河、渠道）相互联结形成的，各类元素线段的物理特征、规则指标反映水资源配置系统特性，其输入量（入流量、需水量、工程组成及有关参数等）直接影响系统行为，通过不同的规则对系统进行求解运行，得到其系统响应。水资源供需平衡分析，即对该系统所涉及的各有关单元进行计算，因此需要对一个复杂的水资源配置系统进行一定程度的概化处理，使其既可反映水资源配置系统供需平衡关系和一般性问题，又可通过概化将水资源配置系统的复杂问题进行简化处理，通过一定的系统调度运行策略，对不确定的水资源按照各种用水户要求进行时空调配，达到水资源供需平衡分析的基本要求，以实现水资源配置的基本目标。

1. 系统概化

系统概化包括确定系统计算分区（单元）、选择重要水利工程、划分可利用水源、设置控制性节点或断面、区分用水户分类、概化河流渠道系统、概化河网系统等。其中，计算分区要以流域或区域水资源综合规划的基本要求来确定，既要考虑行政区域在基础经济社会资料条件和行政管理上的便利，又要考虑流域水资源特性及流域管理趋势的要求，如以水资源分区套行政分区划分基本计算单元。

工程选取应根据工程在水资源供需平衡分析中的作用确定，一般选择大型和重要中型水利工程作为水资源配置系统网络图绘制的基本工程节点，主要包括：总库容在 1 亿 m^3 以上的蓄水工程及库容小于 1 亿 m^3 的重要中型蓄水工程；引水能力在 $30m^3/s$ 以上（或灌溉面积在 30 万亩以上）的引水工程；提水能力在 $30m^3/s$ 以上（或灌溉面积在 30 万亩以上）的提水工程。对规模以下的水利工程原则上合并概化处理，对于个别重要的中型蓄水工程或概化后的引水、提水工程可根据需要单独作为工程节点处理；污水处理工程在分析计算单元水量平衡和水源利用时予以考虑；节水工程在需水预测中予以考虑；给排水工程不予单独作为水量调节工程考虑。

节点或断面设置，一方面应考虑水资源配置过程中的水量变化，如具有一定区间来水的汇流节点和水量配置分水节点；另一方面也要考虑省际对水量水质控制的要求。另外，将系统水量最终流入的海洋或内陆河流尾闾湖泊设置为系统的水汇。对于重要的湿地，应单独列出，可作为汇水节点，或作为计算单元。

水源划分，一般条件下基于水资源可利用总量的来源进行划分，包括地表水、地下水、污水处理再利用水、跨流域调水、其他非常规水源（如微咸水、淡化海水、海水）等。其中，地表水主要以水利工程控制的天然来水量为主，包括作为单个工程或概化工程控制断面或区域的来水量和区间来水量，以历年逐月天然径流量来体现；对不作为单个工程或概化工程控制的地表水资源量，在供水量能力统计分析后，作为各计算单元当地地表水资源可利用总量加以处理。地下水主要分析和计算各计算单元地下水补给量和可开采量。污水处理再利用水源以各计算单元排放率、污水处理率、污水处理再利用率等参数分析计算。跨流域调水的界定，主要以跨流域一级区调水定义为跨流域调水并单独分析计算；对于一级区以下内部调水工程，除非需要强调其跨流域调水的意义和作用，其水源一般仍作为地表水考虑。对于其他非常规水源应结合当地具体情况具体分析和处理。

用水户划分，是根据《全国水资源综合规划技术细则》要求，划分为农村生活、城市生活、工业、农业、城市河湖补水、一般河道外生态等六个用户。对于河道内各分项用水需求，如发电、航运、冲沙、环境容量要求、入海水量等不作为单独用水户考虑，而在模型中以约束条件的形式给出。

根据全国水资源综合规划统一要求，以生活、生产、生态用水需求为水资源配置模型所考虑的基本用水户，但由于对城市与农村供水保证率要求相差较大且城市需考虑污水排放与处理，需要有所区分，因此模型所考虑的用户则划分为：城市生活、城市生产、城市生态和农村生活、农村生产、农村生态六个用户。其中，城市生活用水主要指具有供水设施的城镇居民生活用水；农村生活用水为分散在农村广大地区的农业人口生活用水；工业用水主要指第二产业和第三产业用水，位于农村的大型企业由于其生产规模和供水保证率也应与位于城市的工业企业相同，也作为工业用水处理；农业用水则主要为农业灌溉用水，林木、渔业和草场用水及生产性牲畜用水；城市生态用水主要为城市河湖补水、环境绿地用水等；农村生态环境用水可指湿地及泡沼湖泊补水。

河流、渠道以及供水管道概化是根据水源划分情况和水资源供用耗排关系将水流传输系统设置为地表水供水系统、跨流域调水系统、污水排放与弃水系统，对于各计算单元之间地下水补给排泄关系，由于侧向补排量占总补排量的比例较小，一般不予单独考虑。地表水供水系统主要为各水利工程或通过下游水利工程经过河流、渠道、管道直接或间接供给各计算单元用水户的供水体系。跨流域调水系统本质上与地表水供水系统完全相同，但其水源具有相对特殊的意义，在水资源配置模型中也具有举足轻重的作用（如其水价较高、工程投资浩大、效益影响决策因素敏感等），因此在模型中需要单独加以区别，在描述其关系时应将跨流域供水工程从供水水源至最终受水区域所有可能的连接均单独明显地区分。弃水系统是指超过水利工程存蓄能力的水量、各计算单元灌溉渠系和田间退水量、城市污水处理未利用量、污水未处理排放量等通过下游河道传输至下游工程或计算单元的水流传输系统。地表水供水系统、跨流域调水系统和弃水系统的构成可以是由具体有形的河流、渠道、管道组成，但大多数情况（视分区的疏密）则是由这些河道、渠道、管道概化而来，相应的参数（如利用系数、过流能力、河道内用水约束等）需要统计分析确定。

河网调蓄是指各计算单元中重要水利工程以外的蓄水库容和河流的槽蓄对地表水具有一定的调蓄作用。在水资源短缺地区或北方枯水季节，进入河网的调蓄水量仍可作为可利用的有效水源加以利用。河网调蓄能力是通过对中小水库总库容和河槽容积综合分析后给出的。河网调蓄可利用水量则根据计算单元内中小水库综合调节能力确定，经模型动态计算给出供水量。河网调蓄水量来源主要是水库至计算单元的弃水、本计算单元产生的回归水、上游计算单元的退水，考虑其调蓄作用较低，一般仅利用其一个滞时水量，即本时段本计算单元产生的河网调蓄水量（包括退至下游计算单元的河网调蓄水量）只能在下一个时段由本计算单元或下游计算单元使用，多余水量在下第二个时段则不继续使用，而作为弃水继续向下游计算单元或河道直接排放。

2. 时间描述

模型计算时段一般以月为单位，在特殊需求条件下也可以旬为单位。由于条件限制（如资料条件、模型过于复杂和庞大、模型调算等）也可考虑以年为单位。计算时段长可按照全国水资源综合规划的统一部署，选择历年逐月长系列（1956—2000 年或 1956—2016 年等）水资源供需平衡分析计算。若条件不允许可考虑选用不同频率典型年（如

50%典型年、75%典型年、90%典型年）或不同时间段（如1981—1990年、1996—2000年、丰平枯均存在的最短时段、枯水期等）进行水资源供需平衡分析计算。

由于地表水量传播时受河槽调蓄作用和水力压力传导的影响，一般对以月为计算时段的水资源供需平衡计算可不必考虑水量传播时间的影响。对大流域水资源配置，特别是跨流域调水工程，从水源到用户输水线路较长远、输水滞时超过一个计算时段时，水量传播时间所产生的影响将比较突出。此时，模型在地表水资源配置时需要专门考虑传播时间不同所带来的影响，具体计算方法需在模型编制与分析过程中予以解决。

3. 系统网络图绘制

（1）基本原理。水资源配置系统网络图，是指导水资源配置模型编制，确定各水源、用水户、水利工程相互关系，以及建立系统供用耗排关系的基本依据。一个复杂的水资源配置系统网络图中各类水利工程为供水节点，各分区计算单元为需水节点，河流、隧洞、渠道及长距离输水管线交汇点或分水点为输水节点，任意两个节点间由若干条有向弧线连接形成水资源配置系统网络图。显然，河流、渠道及管线在网络图中由一组弧表示，反映地表水传输关系，跨流域外调水及弃水排水传输系统采用另外两组弧表示。

（2）绘制要求。根据流域水资源配置系统特点和现状、规划水利工程情况以及水资源配置要求等，将流域水资源配置系统中各类物理元素（重要水利工程、计算单元、河渠道交汇点等）作为节点，各节点间通过上述水资源传播系统各类线段连接，形成流域水资源配置系统网络图（或称节点图、系统图）。系统网络图绘制要求：一是要充分反映流域水资源配置系统主要特点（如水资源配置系统供用耗排特点）及各种关系（如各级水系关系、各计算单元地理关系、水利工程与计算单元水力联系、水流拓扑关系等）；二是要恰如其分地满足水资源配置模型需要，通过系统网络图绘制正确体现模型系统运行所涉及的各项因素（如各种水源、各类工程、各类用水户以及各类水资源传输系统等）。

水资源配置系统网络图应按照水资源配置系统概化的要求，标明各计算单元、重要水利工程、各类水流传输系统、重要控制断面（或节点）。各项元素应尽可能简洁明了，避免过多的类似元素以不同的方式标注。计算单元位置应能基本反映其相对的地理位置；重要水利工程应区别蓄水工程、引提水工程，也要区别已建工程和规划工程；水流传输系统应以不同颜色或线型区别供水系统、退水系统、跨流域调水系统；控制断面/节点标注与工程标注也应有所区别。对于个别对象，虽然不符合单独标出的一般要求，但由于它们在实际水资源配置中的重要性，需要具体考虑，明确标出。对于不需要单独考虑的对象，可概化地表示或者在网络图中不标出，只在模型中考虑。

按照松辽流域特点和水资源禀赋条件及有关要求，以水资源四级区套地市行政区确定水资源配置基本计算单元，共计243个；选择大型和重要的中型水利工程作为水资源配置系统网络图绘制的基本工程节点，共计162个；筛选确定的跨二级区调水工程15处，需要考虑和设置的重要控制断面/节点78个、已建引水工程66处、规划引水工程31处。按照各计算单元、水利工程、调水工程之间的各种水源的传输关系及水力联系，将计算单元与工程节点通过概化的输水河渠道相连接，得到松辽流域水资源配置系统网络图（参见附图1）。松辽流域水资源配置系统各种水量需求、供给、利用与排泄关系通过该图得以较为全面的反映，以此作为水资源供需平衡计算的基础。

由于松辽流域地域广阔，条件多样、问题复杂，所绘制的松辽流域水资源配置系统网络图、研制的水资源配置模型和软件系统及其分析计算规模十分庞大。为保证松辽流域水资源配置模型实用性、灵活性和可操作性，依据大系统分解协调原理，将复杂的松辽流域水资源配置系统划分成辽河界河、辽河流域、嫩江流域、二松与松干流域、松花江界河等五个亚系统，较好地解决计算机和系统软件的计算容量问题，并节省大量运算时间，为解决各层次的水资源配置问题提供了一种有效的分析方法。

（三）水资源配置模型

根据流域和各分区（亚系统）不同缺水类型的水资源配置模式，构建水资源配置模型。该模型实际是一个模型系统，由相关的功能模块组成，根据需要调用诸如地下水计算模块、动态需水计算模块、水库（群）优化调度模块、地表水与地下水联合高效利用模式及其调控计算模块等。

模型目标函数：以供水净效益最大为基本目标函数，同时可考虑供水量最大、发电量最大、损失水量最小、供水费用最小、缺水量最小或缺失损失最小等目标函数。

模型约束条件：①河道内用水需求约束，包括河道内各控制断面生态、发电和航运等流量要求，由外部给定。②河道外各种需水量约束，包括工业、农业、生活和生态环境需水量，可由外部给定。③地下水开采量和地下水位约束，主要包括地下水可开采量和地下水位临界阈值，其中地下水位临界阈值（如果地下水位高出临界阈值则容易引起土壤次生盐渍化甚至沼泽化的发生，而低于临界阈值则容易引起植被自然死亡或荒漠化的发生）由外部给定，而地下水可开采量，可由外部给定，也可由地下水计算模块给出。④水库分水约束，对于向多个计算单元同时供水的水库，如果完全按优化目标调配优化水量，在枯水年或偏枯水年就可能出现的情况是：距离水库越近的计算单元供水量越多，需水越容易得以满足，而越远的计算单元供水量越少，破坏程度越大。大量的实践经验表明，无论是从时间分布还是从空间分布角度看，需水发生破坏时，都是以"宽浅式"破坏所造成的损失最小，当遇到缺水破坏时模型自动采取"宽浅式"破坏模式予以处理。⑤流域控制断面分水约束，可以事先给定，也可由模型通过长系列调算给定或通过调算对事先给定的约束修正。⑥水库调度方式约束，可按现行的调度规则（调度线）来调度，也可直接调用水库（群）优化调度模块进行调度，同时还可以对不尽合理的现行调度规则（调度线）进行修正或优化处理。⑦来水约束，由外部给定，但可以有多种选择方式，如当前时段水文信息已知，而未来时段水文信息未知，这种条件约束最接近于客观实际，因此所得到的配置结果更加符合流域管理的实际；或者当年各时段水文信息已知，而未来年份各时段水文信息未知，这种条件约束对于年内调节水库调度有利，可以最大程度地发挥水库年内调节作用；或者当年各时段和未来年份各时段水文信息均已知或部分已知等。⑧污水处理回用量、海水淡化利用量约束，由外部给定。⑨水量平衡方程约束，包括水库水量平衡方程、计算单元城市供水水量平衡方程、农村供水水量平衡方程、生态环境供水水量平衡方程等。⑩水库水位、河流和渠道过流能力、河流和渠道最小流量、保证出力等约束，由外部给定。

目前，水资源配置模型大体可为两类模型：一类是以数学规划为主要求解方法的优化模型（简称基于优化技术的水资源配置模型）；一类是以专家规则为主要求解方法的规则模型（简称基于规则的水资源配置模型）。前一类模型，目前国内外已经有一些比较成型的应用实例，中国水利水电科学研究院开展了长期的研发、应用和改进工作，先后在国内很多流域和地区得到推广应用。这类模型得到的是具有严密的数学意义上的优化结果，模型自动寻优，计算效率比较高，但由于这类模型是基于运筹学原理构建的，模型架构显得有些抽象，不太容易被专业人员和领导理解。后一类模型，目前国内开发了一些各具特色的成型模型可供借鉴，如中国水利水电科学研究院先后开发了松辽流域水资源配置模型和海河流域水资源配置模型，通过在松辽、海河等流域实际应用和不断完善，目前基于规则的水资源配置模型已经比较成熟和完备。这种模型更加接近于水资源配置系统运行实际，更容易被专业人员和领导理解。专家规则中含有一定的知识、经验、偏好等综合因素，能够抓到大的原则、大的效益和根本性的东西，也能够做到近似最优，但由于模型不能自动寻优，计算效率比较低。总而言之，通过这两类配置模型计算结果的相互对比和校验，可向决策者和部门提供更加全面的配置结果。

1. 基于优化技术的水资源配置模型

（1）基本原理。基于优化技术的水资源配置模型，是通过建立流域水资源循环转化与调控平衡方程，以计算单元水资源供用耗排平衡方程、水利工程水量平衡方程、水源利用及其他各类约束方程为约束条件，以供水净效益最大、供水费用最小及缺水量最小等为目标函数的数学规划模型（简称优化模型）。利用水利部948项目最新引进的世界银行和美国 GAMS 公司研制的 Windows GAMS 2.50 软件开发的计算软件对模型进行求解计算，并通过不同组合方案对比分析给出推荐方案，为水资源综合规划决策提供依据。

优化模型以月为计算时段，这样对于一般的流域和区域水资源供需平衡计算时，其水量传输大都可以在一个计算时段内完成，因此可不必考虑河槽调蓄作用和水力传导对河川径流量传播时间的影响。

鉴于目前水资源评价仍然以径流性水资源评价为主，因此模型中侧重于对第二层次和第三层次水平衡进行分析计算。当前，生态耗水量大多定义为径流性补给的湖泊、洼地、湿地等天然生态耗水，坡面植被盖度增加和面积增加导致多消耗径流性水资源的天然生态耗水以及城市生态耗水。经济耗水量是人类经济活动导致的水源蒸发、输水蒸发、用水消耗、排水蒸发的水资源消耗量。因此，流域水平衡耗水项可概化为经济耗水和生态耗水两项。

（2）模型的特点。由于水资源配置系统内部结构十分复杂，涉及方面非常广泛，简单使用某些优化方法难以取得区域性水资源供需平衡调算的合理结果。因此，所建立的水资源配置模型需要综合运用系统分析方法、运筹方法、水文长系列操作方法以及风险分析及统计学方法等求解，以确保得到比较符合客观实际的计算结果。通过理论创新和技术改进，基于优化技术的水资源配置模型具有以下主要特点。

1）不仅能较完整地反映单站地表径流的季节和年际变化，又能反映多站地表径流间的不同步性。这是长系列调节计算的必然结果。

2）较合理地反映农业需水的变动要求。长系列调节计算能够同时考虑所在地域降水系列，通过有效降水的转换可以求出种植业的需水过程，以反映系统的变动需水要求。这样就能够更深入地反映供需矛盾的客观事实。

3）能考虑地下水各项补给来源的系列变化。模型可以利用分区地下水各项参数，逐时段计算地下水的各项补给。

4）能实现地表水与地下水的联合运用，尽可能发挥年际变化相对较小、调节作用相对较强的地下水对地表水的供水补偿作用，提高供水可靠性。

5）能较真实地确定供水保证率及确定超出保证率年份的供水破坏深度及其持续性影响。

6）通过不同优化目标，综合分析和评价不同水资源配置方案的差异，并给出相应的水资源供需平衡态势。

2. 基于规则的水资源配置模型

基于规则的水资源配置模型，是在严格遵循事先给定的一系列配置规则基础上，依据水源利用顺序和用水户优先满足顺序，采取自下（游）而上（游）供水和自上（游）而下（游）弃水的调度方式、通过设置合理的工程分水参数、水库多层调度线参数（调度图）、水源转换参数、水源利用限制、最小用水需求等各种约束条件，能快速解决多水源、多用户、多工程水资源配置系统中的水文补偿作用、工程补偿作用、水资源利用与分配等复杂调节计算问题的数学模拟模型（简称规则模型）。

（1）基本原理。基于规则的水资源配置模型，采用模拟方式，以各类规则控制水量分配和工程调度。所使用的规则即事先规定了需要遵守的制度和章程。模型系统的运行完全依据于水资源配置各种规则。当系统输入不变时，运行规则的变化将对水资源配置结果产生相应的影响，因而确定合理可行、切合实际的模型系统规则将是该模型的关键。

模型的建立基于设计规范、决策程序和人工智能的规则集，引导系统进行水资源配置，基于设计规范和决策程序的规则使模拟过程变得透明、可控，符合设计要求，适于分析者判断，便于人工经验干预，使模型计算方法简单、运算速度快捷，易于理解、易于调算。

（2）系统框架与水量转换关系。基于规则的水资源配置模型，以概化的系统网络图为基础，建立水资源配置系统模拟过程，通过规则的方式描述各类水源利用转化以及各类子系统之间的相互关系。模型将水资源配置系统视为一个整体，在遵循水资源天然循环过程的基础上，以"供—用—耗—排"人工侧支循环为模拟的核心和重点，在水资源配置平衡分析时，得出系统网络图所反映的水资源配置系统供用耗排具体过程以及对水资源天然循环过程的影响，形成完整的水资源配置系统供用耗排走向或各种水量传递与转换关系的描述，见图6-1。

图6-1反映了模型系统中所考虑的所有水源与用户之间以及相互之间的关系。整个系统的设计以这种结构为基础，首先完成单元自有水源在单元内部的配置，然后重点协调相互有关联水源的利用与在各用户之间的分配。在此框架下，模型包括有效水源形成和水源到用户配置两层计算，并在模型中设置各种概念性参数对水源转换利用的过程进行模拟计算。

模型中的水源配置可划分为本计算单元内部分配和多个单元间联合分配两种模式。其中第一种配置包括对海水、当地地表径流可利用量以及深层与浅层地下水等水源的利用与分配，这类水源原则上只对所在计算单元内部各类用户进行配置，不能跨单元利用；第二种配置包括对大型水库调节的地表供水、处理后污水、外流域调水以及水库超蓄后排放的

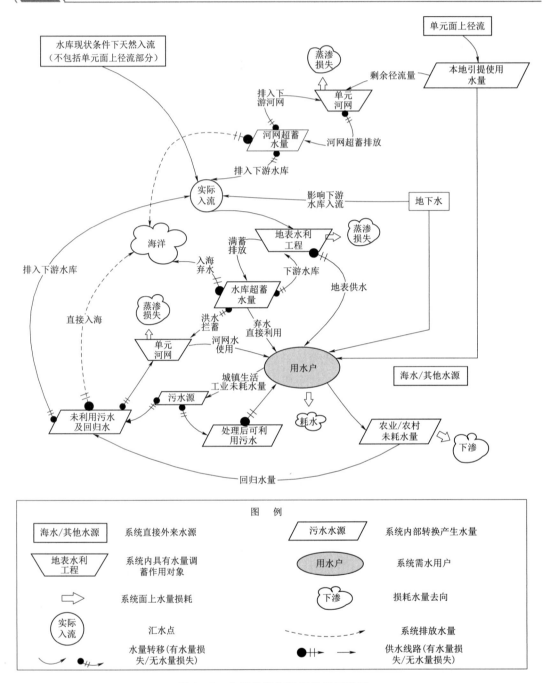

图 6-1 水量传递与转换关系示意图

弃水等水源或水量的利用、分配与传递。这类水源可为多个计算单元所使用,其水量的传递和利用关系由系统网络图传输线路确定。第二种配置计算也是整个模型的重点和难点,对于这类水源模型以各层子系统网络为基础,根据系统制定的运行规则,利用各类控制水源走向的参数,将水量合理分配到相关单元。此外,在配置过程中充分考虑各类水源在不同单元之间存在相互影响关系,主要为地表径流的利用、地下水的开采利用以及污水退水排放对下游水库入流的影响。

配置模型的使用包括两个阶段，第一阶段为模拟计算流域实际的供用水过程，目的在于分析计算得出模型参数；第二阶段则是在前一阶段计算成果的基础上，结合未来发展规划要求及制定的不同组合配置方案，进行水资源供需平衡模拟计算，为各个不同地区水资源发展模式提供可供参考的依据。

（3）系统规则及各模块处理过程。

1）系统规则。图 6-1 给出系统各类水量可能的传递途径，对于系统网络图中所涉及的各个具体过程还需要设置相应的规则以完成不同情况下的处理。建立模拟计算规则是控制模拟计算过程的有效途径。通过系统水源转化框架和系统网络图确定系统主要元素及其水源转化关系，在宏观上描述了系统水源转换过程的各种可能途径。要得出从宏观到微观层次水源转化的详细计算过程，还需要以实际过程为基础结合经验给出不同情况下的供用耗排水过程。分析模拟所涉及的不同层次问题，可以将模拟规则划分三类，包括基本规则、概化规则和运行规则（表 6-1）。其中基本规则是水资源配置系统所制定的基本原则，需在制定其他相应规则时必须遵守；概化规则是对需要系统概化的问题、算法等予以处理和说明，包括为减小系统规模、方便计算而设定的一些假设条件；运行规则是模型系统对水源、用水户、工程等所制定的基本算法。

表 6-1　　　　　　　　　　配置模型系统规则分类及其意义一览表

规则	分类规则	意义
基本规则	安全运行要求	确保工程安全条件必须遵守的强制性约束
	地域划分	兼顾流域水资源特性和行政区特性划分计算单元，认为单元内均匀一致
	需水要求及满足顺序	确定需要进行水量供给的河道内和河道外用水户及其用水优先序
	按质供水	确定不同类别用水户对供水水质要求
	水源划分及利用顺序	根据系统概化和实际供用水情况划分水源，确定各类水源可以供给的用户和利用顺序
	计算时段划分	适应长系列计算要求，结合资料状况按月或旬划分时段考虑入流、需水等过程
概化规则	当地地表径流概化	反映面上散布的水资源利用，按中小型工程对地表水资源控制程度划分部分地表水资源量进行非系统网络图单列工程的水量利用计算
	河网水利用概化	对系统图单列之外面上散布的蓄水工程，每个计算单元概化一个有一定调蓄能力的河网，它可以存蓄当地地表径流、单元污退水以及其他工程的超蓄水量，并为本单元用户进行供水
	污水退水及污水处理再利用概化	按城镇和农村用水的未消耗水量统计污水和退水。单元概化一个污水处理厂，处理后污水优先为本单元利用，多余水量按系统图确定的走向为其他单元所利用或流入下游节点。污水处理率和再利用率由参数确定。未处理污水和退水按系统图走向排入下游
	需水口径	需水为受水口端净值，故各类供水的传输均需考虑输水损失
	来水确定规则	系统图节点入流为天然入流量，计算实际入流包括上游工程供弃水、相关单元河网排水以及相关单元污水等各项。单元当地地表径流量由当地中小型水库、塘坝入流和未控径流概化组成，当地地表水资源与系统节点入流之和为系统地表水资源总量

规则	分类规则	意　义
运行规则	地表工程供水	按调度规则以用户优先顺序计算系统图蓄引提工程节点的供水
	当地地表水利用	非系统图单列的引提工程对单元当地水资源利用的计算
	河网水调蓄利用	概化的单元河网调蓄工程的蓄、供以及排水计算
	外调水利用	跨流域调水工程运行及水量分配计算
	地下水利用	以设定的开采策略以及与地表水利用关系确定地下水开采量
	非常规水源利用	对海水、雨水及微咸水等数量较小的水源分配利用计算
	地下水与地表水影响关系	上游地下水开采利用影响下游节点的地表入流量计算
	污退水排放及利用	各类用户实际用水量耗水量、污水退水产生量及下渗水量计算
	地表工程弃水	工程超蓄水量按照超蓄水传递线路进行排放的计算

各类规则构成的规则集为系统模拟提供了不同的约束，使模拟能达到宏观指导思路和微观计算要求。基本规则是系统必须遵守的原则，同时也给定了模拟的框架。概化原则给出了实际系统的简化原则，是从实际复杂系统到数学方法描述的映射转换所应遵循的实际存在或假定的依据，是构建模型的基础。而运行规则是模型运行的具体算法，需根据水资源配置系统基本问题的解决方案及大量的实践经验制定，需要根据专家经验和在运行过程中不断摸索与反复修正。

2）地表水资源利用。地表水资源是松辽流域最主要的水源，所以地表水源的开发利用计算也是整个模型的重点。为使得模拟计算尽量接近实际用水状况，并与资料条件相匹配，模型中地表水利用分为系统图工程供出水量、当地引提利用水量和当地河网利用水量三部分。系统图工程是主要供水设施，是地表水源利用的主要方式，也是配置的重点，模拟计算结果对各个工程给出长系列的精细过程。后两者是对面上散布水源利用的概化考虑，以计算出概化后的单元面上散布资源量的利用过程以及概化的河网水量平衡过程。

当地引提水量利用体现单元当地中型以下引提水工程可以供出的水量。该部分水量由单元的面上径流和概化的引提水利用能力确定，引提供水量按其用户间分配比例配置到各类用户。当地河网水利用体现单元小型水库及塘坝等当地蓄水设施可以提供的供水量，河网入流包括当地河网可以调控的单元面上径流（扣除引提已使用部分）、上游河网超蓄后排出水量、单元排出的部分污水退水、部分水库超蓄水量。河网供出水量由进入河网的总水量、河网蓄水能力以及河网调蓄系数综合确定。计算中引提水利用能力和河网蓄水能力及调蓄系数均由水资源开发利用调查评价中供水设施统计资料得出，规划期则根据在现状基础上依据供水预测中该类工程的总体水平调整得到。

系统网络图上的单列工程供水量以工程来水、受水单元需水和工程调节性能采用水库调节计算得出。对于各个工程生活、工业和农业供水量分别以调度线控制计算。各水库根据其供水能力和单元总需水关系确定其对于受水单元需水的最大满足比例，避免超过其实际配套能力的供水结果，另外工程对各类用户的供水还受渠道过水能力限制。依据计算所选取的需水类型确定是否考虑供水过程中的水量损失。各时段末工程供水完毕后蓄水超过其蓄水能力部分水量根据系统图水流走向关系排向下游工程、单元或水汇，其中排向单元是指排入单元的河网中，可以通过河网调蓄后再次利用。

根据地表水利用规则，地表水库蓄水量的分配应遵循尽量减少系统弃水、使可利用水量最大的原则。以此为基础，地表水分配采用自上而下依次充蓄、自下而上依次供水的方式。各水库优先供给本单元的直接受水单元，兼顾其下游水库供水状况对下游水库进行补水。对于同一水库向多个单元供水的情况，优先考虑水库已有分水比例（没有分水比时，系统自动给定初值），兼顾供水公平合理性原则，协调在分水比例基础上单元间的水量合理分配。

3）地下水资源利用。浅层地下水采用与地表水资源联合调度进行配置，模型中以地下水开采上限和时段内可超采的限度为控制，通过分阶段对用户配置的方式实现与地表水源的联合调配利用。基准年地下水利用以现状实际开采量扣除超采量后的开采量作控制上限，规划水平年以供水预测提出的各区域地下水可开采量为地下水开采量上限控制。

第一阶段主要完成浅层地下最小水量开采利用，该部分水量是根据现状地下水设施状况和地下水开采能力进行分析确定，主要为满足生活、工业以及农业的最低需水要求。第一阶段主要满足必须使用地下水的用户，根据松辽流域实际情况主要为农村生活和部分中小城镇生活用水，工业使用地下水的特定单元也在本阶段配置。根据对单元地下水利用情况分析，先按一定比例分配给生活和工业固定的地下水使用量，其中生活使用量包括城镇生活和农村生活使用量，生活需水满足后如果有剩余则转入工业使用，最后的剩余量分配给农业。当没有农业用水要求时，其水量按生活和工业的分配比例追加到生活和工业。第一阶段水量分配完成后，记录实际使用的地下水量，不对未满足的用户或剩余的最小开采量作补充分配，直接转入地表供水系统子模块。

地表供水系统计算完成后，进行浅层地下水第二阶段的配置，将第一阶段供水后剩余的地下水可利用量对地表水供水后仍存在需水缺口的生活、工业用户进行补充供水。本阶段以可开采量为上限，将扣除第一阶段开采量后的剩余水量供给各类用户。以城镇生活、农村生活、工业、农业的用水优先序逐次完成。每一用户的可用水量为上一类用户分配完成后的剩余水量。在深层地下水开采后生活、工业和农业仍存在需水缺口时，按照单元预定的可超采的上限进行浅层地下水第三阶段开采利用，追加供给相应的缺水用户。

深层地下水利用遵循地下水开采保护目标规则，尽量不开采或少开采，主要作为地表水等主要水源供水后部分用户需水仍未满足时的补充供给。按照规则，深层地下水只供给生活和工业使用，当农业用水的最低需水要求也未满足时也可酌情利用该部分水量。当生活、工业和最低农业需水均满足时不进行本子系统的计算。若上述三项需水中有未得到满足的，以可开采量为上限，逐次补充供给各类用户需水直到需水得到满足或可开采量使用完。为衡量地下水的使用对环境的危害，应统计各单元在长系列计算中的总开采量及多年平均开采量。

4）污水退水处理及其他水源利用。当一个时段所有水源配置完成后，即得到各类用户实际用水量，各类用户实际用水乘以其耗水率即得到相应耗水量。对于城镇生活和工业用户，实际用水量扣除消耗部分水量即为污水水源量。以污水水源量为基础，再由污水处理再利用的能力确定单元总的可再利用处理后污水水量，处理后再利用污水按利用比例配置到工业、城镇河湖补水以及农业等用户，对于超出用户需求部分的处理后污水，将其用作改善生态环境使用。对于农村用户（农村生活和农业），扣除耗水后的剩余水量分为下渗水量和回归水量两部分。不能利用的污水量和农村用户耗水后的余水量按系统网络图关系以确定比例退入本单元河网、下游节点或水汇。

处理后可再利用污水分为供本单元和供其他单元使用两部分，供出部分根据系统图的处理后污水走向确定其传递方向，单元累积自身处理的和其他单元供入的可利用污水量后对相应用户进行配置。单元农业用水扣除耗水后的剩余水量分为下渗水量和回归退水量两部分。农业产生的退水与单元的未处理污水合并考虑按相同的线路进行排放。单元的生态用水（包括城镇生态和农村生态用水）的耗水率均为1，即全部水量均消耗掉，不产生剩余水量。

上述污水和退水的水量传递计算中均考虑蒸发和渗漏损失，并由相应的污水渠道的蒸发渗漏损失系数确定，该损失和农业下渗均计为系统水量损失。

5）入水汇水量统计。进入水汇的水量由系统图节点弃入水汇水量、单元河网排入水汇水量以及单元直接排入水汇的污水量三部分组成，在每个时段配置计算完成后，统计以上三类水源排入量作为总的水汇水量。

6）非常规水源利用及其他约束条件。松辽流域其他非常规水源主要为海水，根据现状和供水规划中未来水平年利用状况直接配置到相关单元的工业用户。根据本次综合规划要求，淡化海水作为水资源参与供需配置，海水直接利用部分不在需水中体现，对其另作考虑，不参与配置计算。

配置计算中除考虑对水源的调度分配外，对于有发电等河道内用水要求的水利工程，根据供水任务的优先关系，确定该类工程年内调度过程线和最小出流过程，协调处理该类用水要求和供水之间的关系。

（四）水资源配置系统软件

1. **系统软件构成**

传统的系统软件开发过程中，客户机/服务器（CLIENT/SERVER）体系结构得到了广泛的应用。其特点是，应用程序逻辑通常分布在客户和服务器两端，客户端发出数据资源访问请求，服务器端将结果返回客户端。但CLIENT/SERVER结构存在着很多体系结构上的问题，如当客户端数目激增时，服务器端的性能会因为负载过重而大大衰减；一旦应用的需求发生变化，客户端和服务器端的应用程序都需要进行修改，给应用维护和升级带来了极大的不便；大量的数据传输增加了网络的负载等。

随着分布式对象技术的逐渐成熟，多层分布式应用体系结构得到了越来越多的应用。应用系统只有向多层分布式转变，才能最终解决CLIENT/SERVER结构存在的问题。在多层架构下，应用可以分布在不同的系统平台上，通过分布式技术实现异构平台间对象的相互通信。将应用系统集成于分布式系统之上，能极大地提高系统的可扩展性。

在多层分布式应用中，在客户端和服务器之间加入了一层或多层应用服务程序，将业务逻辑应用服务、数据库查询代理、合法性校验等工作放到了中间层进行处理。通常情况下，客户端（应用）不直接与数据库进行交互，而是通过COM/DCOM通信与中间层建立连接，再经由中间层与数据库进行交互。随着这层组件的增加，两层结构向三层结构转变后，客户端和服务器端的负载就相应减轻了，跨平台、传输不可靠等问题也得到了解决。增加的这层组件又称"中间件"，中间件在三层结构中主要充当中间层，完成数据安全和完整传输，通过负载均衡来调节系统的工作效率，从而弥补两层结构的不足。

基于上述考虑，水资源配置系统软件主要由综合数据库、模型库和人机交互界面等部分组成。

（1）综合数据库。综合数据库是整个水资源配置系统软件的基础和重要组成部分，直接为水资源供需平衡计算和统计分析等提供强大的数据及信息支持。

综合数据库采用先进的"数据仓库"技术进行设计。数据仓库是一个面向主题的、集成的、相对稳定的、随时间不断变化（不同时间）的数据集合，用于支持管理决策。首先，数据仓库用于支持决策，面向分析型数据处理，它不同于现有的操作型数据库；其次，数据仓库是对多个异构数据源的有效集成，集成后按照主题进行了重组，并包含历史数据，而且存放在数据仓库中的数据一般不再修改。

（2）模型库。水资源配置模型库由水资源供需平衡分析模型、流域/区域水量平衡模型、地下水计算模块、动态需水计算模块、水库（群）优化调度模块、地表水与地下水联合高效利用模式及多目标方案比选模型和统计分析模块等组成。为适应水资源配置的需要，要求水资源配置模型库具有开放式的模块结构，可根据需要增加或减少相关的功能模块。水资源配置模型各组成模块均采用 C♯ 语言编制，并以组件形式存在于系统中。为方便对模型进行查询和维护，采用数据库表形式存放组件模型相关的各种信息，即建立模型字典。模型运行过程就是方案生成的过程，新建或修改一个方案需要运行一个或一系列模型。需要对建立方案（即模型运行）过程的相关信息进行存储管理。通过数据库表可以方便实现以下功能：①方案建立。系统选择具体应用对象后，如饮马河流域，输入方案名称、标识后，即可开始新建方案，并在表 ProjectBaseInfo 中建立相应记录。②模型选择。用户可以方便地为新建方案选择一个或多个模型，并建立各模型间先后运行顺序，在表 ProjectRelate-Model 中建立相应记录。③模型参数率定。系统可以根据选择好的模型自动获取所需输入的各种模型参数（设置其参数类型为输入参数），并提示用户根据具体应用历史数据进行模型参数率定操作等，各种参数输入完毕后，方案（即各模型的组合）即可进行运行。模型和方案输出结果仍存放于 ProjectExcute 表中（设置其参数类型为输出结果）。

（3）人机交互界面。通过友好的人机交互界面，用户可以利用对关键要素进行信息搭建，完成对水资源系统的概化模拟。

2. 系统软件功能

系统软件功能按照其所要完成的任务分为数据管理、需水预测、供水预测、水资源供需平衡分析、流域/区域水量平衡分析、多目标方案比选等功能。

（1）数据管理：数据管理是维持系统正常运转的基础，包括系统的输入输出接口、系统的内部数据流管理。具体功能包括数据的录入（数据的增删改）、数据的导入导出、数据的合理性检查及校对、数据的异常值提示、报表输出、统计计算、图形输出、数据的专用格式打印、数据库系统维护以及系统联机帮助等。

（2）需水预测：包括社会经济发展预测和需水定额分析等功能。

（3）供水预测：包括地表水供水预测、地下水供水预测、其他水源开发利用预测、供水预测与供水方案推荐等功能。

（4）水资源供需平衡分析：包括供水、用水、耗水和排水平衡分析等功能。

（5）流域/区域水量平衡分析：包括流域四级区水量平衡分析，水资源量与耗水量、下泄水量的平衡，国民经济耗水与非用水耗水平衡等功能。

（6）多目标方案比选：包括不同工程组合方案的多目标比选分析等功能。

3. 系统软件开发

系统软件分析与设计将采用面向对象的系统分析与设计（OOA&OOD）方法。开发过程中将应用 Rational 的统一开发过程（Rational Unified Process，RUP）进行计算机辅助系统分析、软件设计、开发和文档生成。RUP 是基于可重用构件的开发过程，采用新的可视化建模标准，确保系统设计与开发符合软件工程的规范，开发出规范化、具有较高可移植性、可靠性的系统，提高系统开发的效率。

综合数据库设计统一使用 PowerDesigner 9.0 软件进行设计，并使用该软件生成报表。在实际部署到数据库之前，应该首先对 PDM 生成相应的 SQL 脚本文件，仔细进行阅读或者作出必要的修改、优化后再创建物理的数据库。生成的 SQL 脚本文件应该进行版本化的管理。

地理信息系统集成开发选用美国 ESRI 公司的 MapObjects 控件，采用组件二次开发，实现地理信息系统功能的无缝集成。

开发平台选用微软的.net 平台，采用 C♯语言进行编程。

4. 系统软件结构

水资源配置系统软件设计遵循开放式模块化的原则，以利于模型库的应用、修订或升级、加载等。系统软件由前处理模块、计算模块和后处理模块三大部分组成。

（1）前处理模块。前处理模块的功能是完成模拟计算前的各项准备工作，其中包括读入数据、部分数据的预处理及数据合理性检验。读入的数据包括各种基本数据、部分参数初始值及程序控制数据。数据预处理可以减少模型计算时的重复计算量，提高计算效率，缩短计算时间。数据合理性检验也是必要的环节，可以有效预防错误。

（2）计算模块。计算模块的功能是完成长系列逐时段的调节计算。包括参数赋初值、生成水资源配置系统网络、长系列调节计算、计算结果储存等。

（3）后处理模块。后处理模块的功能是对计算结果进行统计处理。此模块由一组相对独立、但又有联系的子程序组成，将计算结果转换为易读的表格形式，以便于结果分析。

单独编制后处理程序来输出计算成果，好处是只需要编制、调整、编译和运行后处理程序，而不需要反复地修改、编译及运行前处理模块和计算模块。在模型的应用中，经常需要输出不同种类、不同详细程度及不同格式的成果，因此编制了一系列相对独立的子程序来进行各种后处理，输出各种成果。

第四节　水资源配置方案与供需平衡分析

一、水文系列与需水方案

根据长系列水文资料分析和对比，确定选择水文系列为 1956—2000 年；针对松辽流域 243 个计算单元，根据逐月系列资料分别对不同组合方案进行长系列逐月调节计算。根据不同水平年社会经济发展指标和生态环境保护目标、需水定额等，分别给出未来不同水平年河道外各需水方案及河道内各控制断面生态需水量或生态需水过程等。

二、优化模型与规则模型对比分析

为更好地对比和分析水资源配置优化模型（基于优化技术的水资源配置模型）与规则模型（基于规则的水资源配置模型）计算结果的差异，根据水资源"三次平衡"的配置思想，在考虑关键控制断面河道内生态和航运最小流量约束条件下，利用所构建的优化模型和规则模型及开发的系统软件，通过1956—2000年45年长系列逐月调节计算，分别得到基准年和不同水平年（2035年、2050年）水资源供需平衡分析结果。其中部分对比结果见表6-2、表6-3和图6-2～图6-5。

表6-2 优化模型和规则模型调算结果对比

分区名称	指标	优 化 模 型			规 则 模 型		
		基准年	2035年	2050年	基准年	2035年	2050年
嫩江	需水量/亿 m³	139.38	181.12	201.59	139.38	181.12	201.59
	供水量/亿 m³	129.52	176.11	201.21	136.80	177.41	200.53
	缺水率/%	7.07	2.77	0.19	1.85	2.05	0.53
松花江南源	需水量/亿 m³	70.17	81.64	101.59	70.17	81.64	101.59
	供水量/亿 m³	67.65	79.24	100.87	64.20	79.32	100.82
	缺水率/%	3.59	2.97	0.71	8.50	2.84	0.76

表6-3 重要断面控制流量与保证率统计分析结果*

水平年	分区名称	控制断面名称	优化模型/推荐方案			规则模型/推荐方案		
			控制流量及其保证率		90%保证率下泄流量	控制流量及其保证率		90%保证率下泄流量
			控制流量	保证率		控制流量	保证率	
基准年	嫩江	尼尔基坝下断面	—	—	—	—	—	—
		嫩江出口断面（大赉断面）	100 m³/s	100%	101 m³/s	100 m³/s	100%	30 m³/s
	松花江南源	丰满坝下断面	5月350m³/s；其他月135 m³/s	100%	5月351m³/s；其他月134 m³/s	5月350m³/s；其他月135 m³/s	100%	5月445m³/s；其他月178m³/s
		松花江南源出口断面（扶余断面）	100m³/s	100%	160m³/s	100m³/s	100%	164m³/s
	松花江干流	哈尔滨断面	航运期500m³/s；非航运期250m³/s	100%	航运期527m³/s；非航运期325m³/s	航运期500m³/s；非航运期250m³/s	航运期98%；非航运期100%	航运期545m³/s；非航运期348m³/s
2035年	嫩江	尼尔基坝下断面	100m³/s	100%	101m³/s	100m³/s	100%	105m³/s
		大赉断面	100m³/s	100%	101m³/s	100m³/s	96%	112m³/s
	松花江南源	丰满坝下断面	5月350m³/s；其他月135m³/s	95%	5月350m³/s；其他月135m³/s	5月350m³/s；其他月135m³/s	100%	5月370m³/s；其他月160m³/s
		扶余断面	100m³/s	95%	106m³/s	100m³/s	93%	164m³/s
	松花江干流	哈尔滨断面	航运期500m³/s；非航运期250m³/s	100%	航运期500m³/s；非航运期250m³/s	航运期500m³/s；非航运期250m³/s	航运期93%；非航运期98%	航运期510m³/s；非航运期310m³/s

续表

水平年	分区名称	控制断面名称	优化模型/推荐方案			规则模型/推荐方案		
			控制流量及其保证率		90%保证率下泄流量	控制流量及其保证率		90%保证率下泄流量
			控制流量	保证率		控制流量	保证率	
2050年	嫩江	尼尔基坝下断面	100m³/s	100%	101m³/s	100m³/s	100%	102m³/s
		大赉断面	100m³/s	100%	101m³/s	100m³/s	76%	120 m³/s
	松花江南源	丰满坝下断面	5月350m³/s；其他月135m³/s	95%	5月350m³/s；其他月135m³/s	5月350m³/s；其他月135m³/s	100%	5月405m³/s；其他月154m³/s
		扶余断面	100m³/s	95%	101m³/s	100m³/s	91%	156m³/s
	松花江干流	哈尔滨断面	航运期500m³/s；非航运期250m³/s	95%	航运期500m³/s；非航运期250m³/s	航运期500m³/s；非航运期250m³/s	航运期96%；非航运期98%	航运期560m³/s；非航运期320m³/s

* 航运期为按5—10月考虑，以下同。

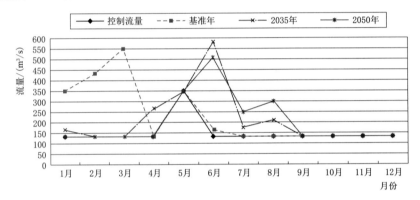

图6-2 丰满坝下断面90%保证率下泄流量与控制流量过程线（优化模型）

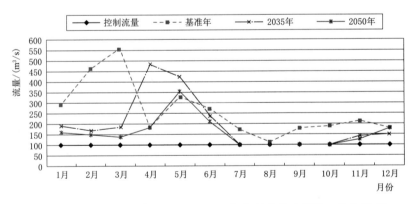

图6-3 扶余断面90%保证率下泄流量与控制流量过程线（优化模型）

从表6-2、表6-3中可以看出，优化模型计算结果比规则模型计算结果更显得优越一些。如优化模型河道外供水量比规则模型偏大一些，河道内下泄流量比规则模型偏小且更接近其最小控制流量的要求。总之，通过优化与规则两套模型计算结果对比分析，可得出如下结论。

（1）优化模型计算效率相对较高，尤其是对于计算规模庞大且具有无穷多解的水资源

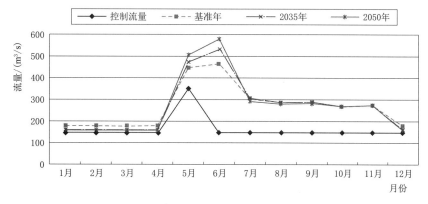

图 6-4　丰满坝下断面 90%保证率下泄流量与控制流量过程线（规则模型）

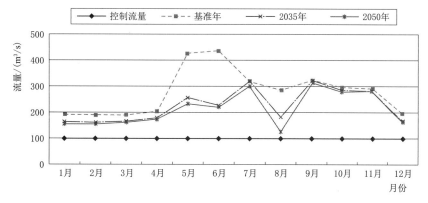

图 6-5　扶余断面 90%保证率下泄流量与控制流量过程线（规则模型）

配置问题，其优越性更加突出，通过模型自动寻优和迭代计算，不仅能够很好地协调和满足河道内与河道外用水需求，在尽量满足河道内最小流量要求的基础上，尽可能降低河道外缺水率，可保证水资源整体配置效率最高，而且由于受人为影响和干预较小，不存在顾此失彼和配置效率低的问题。但该模型所需要的理论知识比较高，建模较复杂，计算原理较抽象，不容易被人理解；模型运算过程不容易受人为控制和强行干预，并由此决定计算结果更客观、全面和整体最优。

（2）规则模型计算效率相对较低，手工调算工作量相对较大，尤其是对于规模庞大且具有无穷多解的水资源配置问题，其复杂和繁琐的枚举法调节计算工作量十分庞大，所需要的实践经验和对问题的把握、理解程度等比较高。但规则模型模拟计算过程透明可控，易于被人理解，领域专家或决策者可通过直接参与和干预模型调算过程而影响计算结果；同时，基于规则判定的计算过程不存在迭代和反馈，单次计算速度快捷，便于人机交互。但模型计算效率和效果直接与人的知识、经验和偏好等因素密切相关，需要对模拟目标和计算过程有比较清楚的认识和了解，借助实践经验对模拟结果进行系统分析和判别，通过调整目标、约束条件和模型参数，多次反复调算方能得到比较合理和满意的计算结果。由于规则模型是基于实际运行过程设计的，对总体目标的计算需根据合理的过程设计来实现，因而对于目标和约束条件的调控需要通过反复试算完成。当目标较多且彼此之间存在矛盾和冲突时，调算工作量较大且有可能不能完全实现全局满意解。尤其是，对于规模庞大的水资源配置系统的整体模拟，通常需要反复调算来逐步逼近满意解，存在调算工作量大、结果不够优化、配置效率相对较低等问题。在河道外用水需求缺口还很大的情况下，丰满坝下断面下泄流量却远远大于河道内最小流量要求，水资源配置效率显得比较低。但如果要更精细调算和更好地接近优化解或满意解，则需要花更多的时间和精力，进行一遍又一遍的试算，逐步逼近满意解。这说明规则模型一方面计算原理比较简单，调算灵活，易于被人理解；但另一方面又存在调算工作量大、受人为因素影响大，尤其是受领域专家或决策者的认知水平和偏好等主观因素影响比较大，且模型计算效率和水资源配置效率较低等特点。

基于上述对比和分析，结合松辽流域水资源配置的目标、范围、要求和复杂程度，以及水资源禀赋条件、开发利用形势和计算工作量等实际，选择采用优化模型的配置结果。为此，下面提出的结果均是基于优化模型的计算结果。

三、基准年水资源供需平衡分析

(一) 水资源供需平衡分析

基准年水资源供需平衡分析是在现状社会经济发展水平、用水水平和节水水平等基础上，扣除供水中不合理的水量，按长系列来水和需求进行供需平衡分析，了解和掌握松辽流域基准年地下水不超采、深层地下水不开采情景下的缺水形势及其分布情况，为松辽流域未来节水、治污、挖潜和引调水等提供依据。

基准年在考虑河道内关键控制断面生态和航运最小流量约束条件下，利用所构建的水资源配置模型和开发的系统软件通过45年长系列逐月调算和对比分析，得到基准年水资源供需平衡分析结果。具体结果见表6-4。

表6-4　　　　　　　　　　基准年水资源供需平衡分析结果

分　区		多年平均需水量/亿 m³	多年平均供水量/亿 m³					缺水量/亿 m³	缺水率/%	开发率/%
			小计	地表水	地下水	再生水	外调水			
松花江区	嫩江	139.38	129.52	77.11	51.91	0.50	0	9.86	7.07	37.10
	松花江南源	70.17	67.65	51.26	15.76	0.63	0	2.52	3.59	36.38
	松花江干流	184.31	181.97	105.73	75.77	0.47	0	2.34	1.27	44.45
	松花江界河	160.69	119.13	56.66	62.23	0.24	0	41.56	25.86	22.51
	小计	554.55	498.27	290.76	205.67	1.84	0	56.28	10.20	33.78
辽河区	西辽河	51.62	32.20	7.45	24.20	0.55	0	19.42	37.62	48.03
	东辽河	9.64	7.95	3.16	4.79	0	0	1.69	17.53	58.03
	辽河干流	43.25	38.53	13.29	23.52	0.65	1.07	4.72	10.91	58.10
	浑太河	50.12	50.09	29.53	15.67	1.26	3.63	0.03	0	67.07
	辽河界河	49.46	35.80	24.57	1.24	1.28	8.71	13.66	27.62	14.75
	小计	204.08	164.57	78.00	69.42	3.74	13.41	39.51	19.36	27.81
合计		758.63	662.84	368.76	275.09	5.58	13.41	95.80	12.68	27.26

由表 6-4 可知，松辽流域多年平均需水总量为 758.63 亿 m³，多年平均供水总量为 662.84 亿 m³。地表水、地下水、再生水、外调水供水量分别为 368.76 亿 m³、275.09 亿 m³、5.58 亿 m³、13.41 亿 m³，缺水量 95.80 亿 m³，缺水率为 12.68%。其中，松花江区缺水量 56.28 亿 m³，缺水率为 10.20%；辽河区缺水量 39.51 亿 m³，缺水率为 19.36%。

值得说明的是，基准年松花江界河和西辽河、辽河界河、东辽河、辽河干流需水量存在较大的缺口，缺水量分别是 41.56 亿 m³、19.42 亿 m³、13.66 亿 m³、1.69 亿 m³、4.72 亿 m³，缺水率分别高达 25.86%、37.62%、27.62%、17.53%、10.91%。由此可见，当前松辽流域水资源安全供给形势是极其严峻的，是以大量开采地下水和牺牲生态环境为代价的。因此，目前这种发展模式是不健康和不可持续的，是不符合国家"三新一高"（新发展阶段、新发展理念、新发展格局、高质量发展）要求的。现状水资源配置格局及开发利用模式是不合理、不完备的，一方面存在水资源开发利用不充分问题，另一方面存在水资源开发强度过大等问题。尤其是随着全球经济一体化发展和国家"一带一路"战略实施、生态文明建设及高质量发展的推进，松辽流域新型城镇化、战略性新兴产业和农业现代化势必将得到更快发展，水资源配置不均衡、不充分问题将变得更加突出，极个别流域积聚的各种问题将更加严峻和尖锐，若不及早加以研究解决，将对全流域区域协同和可持续发展构成严重威胁。

综上分析，松辽流域现状总体上属于工程型缺水，水资源开发率仅为 27.16%，距离国际公认的合理极限值相差很大，尚有进一步开发利用潜力。但有些次级流域属于资源型缺水，水资源开发率远高于国际公认的合理极限值；而有些次级流域则属于工程型缺水，水资源开发率还远未达到国际公认的合理极限值。

（二）基准年耗水分析结果

基准年松辽流域经济社会耗水系数和耗水结构分析结果见表 6-5。基准年松辽流域农业耗水量占经济社会耗水总量的 86.3%，工业、生活和生态环境平均耗水量分别占 4.5%、6.6% 和 2.6%，农业耗水比重最大。其中，辽河界河工业耗水占比最大，达到 11.2%；松花江界河部分区域（黑龙江干流、乌苏里江）以及松花江干流，农业为当地用水大户，耗水比重高达 88% 以上。

表 6-5　　　基准年松辽流域经济社会耗水系数和耗水结构分析结果

分　区		耗 水 系 数					耗水结构/%			
		生活	工业	农业	生态环境	综合	生活	工业	农业	生态环境
松花江区	嫩江	0.62	0.36	0.81	0.66	0.75	3.9	4.9	88.5	2.7
	松花江南源	0.62	0.36	0.81	0.66	0.69	9.2	10.7	76.4	3.6
	松花江干流	0.62	0.36	0.81	0.66	0.77	4.9	2.5	92.2	0.4
	松花江界河	0.62	0.36	0.81	0.66	0.80	2.4	2.2	88.8	6.5
	平均	0.62	0.36	0.81	0.66	0.76	4.3	3.8	89.6	2.4
辽河区	西辽河	0.62	0.36	0.81	0.66	0.76	5.1	3.2	89.9	1.8
	东辽河	0.62	0.36	0.81	0.66	0.74	8.3	4.8	86.1	0.8
	辽河干流	0.62	0.36	0.81	0.66	0.77	6.7	2.7	89.3	1.4

分 区		耗 水 系 数					耗水结构/%			
		生活	工业	农业	生态环境	综合	生活	工业	农业	生态环境
辽河区	浑太河	0.62	0.36	0.81	0.66	0.67	21.2	10.1	62.1	6.6
	辽河界河	0.62	0.36	0.81	0.66	0.66	22.5	11.2	62.2	4.2
	平均	0.62	0.36	0.81	0.66	0.72	13.2	6.5	77.0	3.3
平均		0.62	0.36	0.81	0.66	0.75	6.6	4.5	86.3	2.6

基准年松辽流域综合耗水系数为 0.75。其中，生活、工业、农业和生态环境耗水系数分别为 0.62、0.36、0.81 和 0.66。从综合耗水系数与农业耗水系数的差值比较看，浑太河、辽河界河等流域综合耗水系数偏低、主要原因是工业和生活耗水量占耗水总量比重较大，经济社会发展水平相对较好。

四、规划水平年水资源供需平衡分析

（一）配置方案设置

根据松辽流域开源、治污与节流并重和"积极引用界河水，科学拦蓄过境水，合理调配境内水，充分利用再生水，切实保护和压采地下水"的配置思路，分析和确定水资源配置各类工程组合方案。具体结果见表 6-6。

表 6-6   松辽流域水资源配置工程组合方案

项 目 名 称	2035 年	2050 年
引嫩济锡工程	√	√
引绰济辽工程	√	√
浑江引水工程	√	√
辽宁省重点引水工程及内蒙古支线工程	√	√
吉林中部引松供水工程	√	√
哈达山水利枢纽工程	√	√
呼嫩引水工程	√	√
黑龙江省重点引水工程	√	√
吉林省重点引水工程	√	√
大伙房输水工程	√	√
北水南调工程		√
吉林图松引水工程		√
产业结构调整	√	√
节水工程	√	√
污水处理回用工程	√	√

（二）水资源供需平衡分析

根据所拟定的工程组合方案和两种需水方案，在考虑关键控制断面河道内生态环境需水量约束条件下，利用所构建的水资源配置模型及开发的系统软件，通过长系列逐月调节计算对比分析，给出未来不同水平年水资源供需平衡分析结果。其中主要结果见表 6-7和表 6-8。

表 6-7　　　　　　　　　　松辽流域 2035 年水资源供需平衡分析结果

方案	分　区		需水量/亿 m³	按水源分类供水量/亿 m³					缺水量/亿 m³	缺水率/%
				合计	地表水	地下水	再生水	外调水		
中方案	松花江区	嫩江	181.12	176.11	95.43	36.19	20.41	24.08	5.01	2.77
		松花江南源	81.64	79.24	59.05	9.88	6.51	3.80	2.40	2.94
		松花江干流	218.17	212.17	116.87	63.02	14.95	17.33	6.00	2.75
		松花江界河	232.22	230.22	90.57	42.14	41.71	55.80	2.00	0.86
		小计	713.15	697.74	361.92	151.23	83.58	101.01	15.41	2.16
	辽河区	西辽河	53.26	50.37	7.45	24.20	3.44	15.28	2.89	5.43
		东辽河	10.35	10.20	3.16	0.00	2.54	4.50	0.15	1.45
		辽河干流	45.24	42.64	13.29	5.20	8.05	16.10	2.60	5.75
		浑太河	58.06	55.63	29.53	5.63	6.59	13.88	2.43	4.19
		辽河界河	61.90	59.16	27.36	4.11	5.68	22.01	2.74	4.43
		小计	228.82	218.00	80.79	39.14	26.30	71.77	10.82	4.73
	合计		941.97	915.74	442.71	190.37	109.88	172.78	26.23	2.78
高方案	松花江区	嫩江	198.32	190.32	95.43	50.39	20.41	24.09	8.00	4.03
		松花江南源	93.84	90.02	59.05	18.26	6.51	6.2	3.82	4.07
		松花江干流	238.00	230.13	116.87	78.31	14.95	20	7.87	3.31
		松花江界河	248.08	246.08	115.00	52.22	43.06	35.80	2.00	0.81
		小计	778.26	756.55	361.04	199.18	84.93	111.4	21.71	2.79
	辽河区	西辽河	58.06	54.75	7.45	24.20	3.44	19.66	3.31	5.70
		东辽河	11.59	10.93	3.16	0	2.54	5.23	0.66	5.69
		辽河干流	49.73	46.73	13.29	9.69	8.05	15.7	3.00	6.03
		浑太河	67.25	63.95	29.53	14.82	6.59	13.01	3.30	4.91
		辽河界河	71.76	68.18	27.36	4.17	6.46	30.19	3.58	4.99
		小计	258.40	244.54	80.79	52.88	27.08	83.79	13.86	5.36
	合计		1036.66	1001.09	441.83	252.06	112.01	195.19	35.57	3.43

表 6 - 8　　　　　　　　　　　　松辽流域 2050 年水资源供需平衡分析结果

方案	分 区		需水量/亿 m³	按水源分类供水量/亿 m³					缺水量/亿 m³	缺水率/%
				合计	地表水	地下水	再生水	外调水		
中方案	松花江区	嫩江	201.59	201.21	95.43	56.66	20.41	28.71	0.38	0.19
		松花江南源	101.59	100.87	59.05	18.26	6.51	17.05	0.72	0.71
		松花江干流	239.16	237.26	116.87	78.31	14.95	27.13	1.90	0.79
		松花江界河	286.33	285.68	90.57	60.08	42.97	92.06	0.65	0.23
		小计	828.68	825.02	361.92	213.31	84.84	164.95	3.66	0.44
	辽河区	西辽河	63.86	63.11	7.45	24.20	3.44	28.02	0.75	1.17
		东辽河	15.29	15.23	3.16	3.54	2.54	5.99	0.06	0.39
		辽河干流	54.11	53.48	13.29	14.07	8.05	18.07	0.63	1.16
		浑太河	89.21	88.70	29.53	20.69	6.59	31.89	0.51	0.57
		辽河界河	89.44	88.92	27.36	5.24	5.68	50.64	0.52	0.58
		小计	311.91	309.44	80.79	67.74	26.30	134.61	2.47	0.79
	合计		1140.59	1134.46	442.71	281.05	111.14	299.56	6.13	0.54
高方案	松花江区	嫩江	215.88	214.67	95.43	70.95	20.41	27.88	1.21	0.56
		松花江南源	113.87	112.98	59.05	18.15	6.51	29.27	0.89	0.78
		松花江干流	253.04	251.66	116.87	78.31	14.95	41.53	1.38	0.55
		松花江界河	304.71	300.83	90.57	63.14	46.63	100.49	3.88	1.27
		小计	887.49	880.14	361.92	230.55	88.50	199.17	7.35	0.83
	辽河区	西辽河	67.75	66.61	7.45	24.20	3.44	31.52	1.14	1.68
		东辽河	17.62	17.32	3.16	5.57	2.54	6.05	0.30	1.70
		辽河干流	59.42	58.49	13.29	19.38	8.05	17.77	0.93	1.57
		浑太河	103.56	102.52	29.53	20.00	12.59	40.40	1.04	1.00
		辽河界河	71.76	68.18	27.36	4.17	6.46	30.19	3.58	4.99
		小计	106.57	105.90	27.36	5.28	16.18	57.08	0.67	0.63
	合计		1242.42	1230.98	442.71	304.98	131.30	351.99	11.44	0.92

（三）方案对比分析

从表 6-7 和 6-8 可得以下结论。

（1）高方案：松辽流域到 2035 年多年平均需水总量为 1036.66 亿 m³，多年平均供水总量为 1001.09 亿 m³（其中，地表水供水量为 441.83 亿 m³，地下水供水量为 252.06 亿 m³，再生水供水量为 112.01 亿 m³，外调水供水量为 195.19 亿 m³），缺水率为 3.43%；到 2050 年多年平均需水总量为 1242.42 亿 m³，多年平均供水总量为 1230.98 亿 m³（其中，地表水供水量为 442.71 亿 m³，地下水供水量为 304.98 亿 m³，再生水供水量为 131.30 亿 m³，外调水供水量为 351.99 亿 m³），缺水率为 0.92%。

该方案对应经济社会高增长和强化节水的情况，与流域发展定位相称，其发展引擎和火车头牵引驱动作用突出，有利于实现人水和谐的生态文明社会建设和幸福松辽建设目标，通过实施"节水优先"战略、加大界河引调水规模和再生水利用及实行水资源统一配置，整体供用水结构趋于合理，水资源供需矛盾得到全面解决，故该方案可作为一种积极争取的推荐方案，更能体现松辽流域举足轻重的作用及担当和为国分忧的奉献精神。

（2）中方案：松辽流域到 2035 年多年平均需水总量为 941.97 亿 m³，多年平均供水总量为 915.74 亿 m³（其中，地表水供水量为 442.71 亿 m³，地下水供水量为 190.37 亿 m³，再生水供水量为 109.88 亿 m³，外调水供水量为 172.78 亿 m³），缺水率为 2.78%；到 2050 年多年平均需水总量为 1140.59 亿 m³，多年平均供水总量为 1134.46 亿 m³（其中，地表水供水量为 442.71 亿 m³，地下水供水量为 281.05 亿 m³，再生水供水量为 111.14 亿 m³，外调水供水量为 299.56 亿 m³），缺水率为 0.54%。

该方案对应经济社会适度增长和强化节水的情况，与流域发展定位比较相称，其发展引擎和火车头牵引驱动作用比较突出且呈现稳健式发展态势，有利于实现人水和谐的生态文明建设和幸福松辽建设目标，通过实施"节水优先"战略，加大界河引调水规模和再生水利用及实行水资源统一配置，整体供用水结构趋于合理，水资源供需矛盾得到全面解决。若相关引调水工程能如期建成通水，则更进一步提高水资源安全保障程度。因此，选择该方案作为优先推荐方案。

（四）推荐方案水资源配置结果

推荐方案是一种反映基于适度增长和强化节水模式的水资源供需平衡状况。其中主要结果见表 6-9 和图 6-6～图 6-14。

表 6-9　　　　　　　　推荐方案松辽流域水资源供需平衡分析结果

水平年	分　区		需水量/亿 m³	按水源分类供水量/亿 m³					缺水量/亿 m³	缺水率/%	开发率/%
				合计	地表水	地下水	再生水	外调水			
2035 年	松花江区	嫩江	181.12	176.11	95.43	36.19	20.41	24.08	5.01	2.77	38.99
		松花江南源	81.64	79.24	59.05	9.88	6.51	3.8	2.4	2.94	39.59
		松花江干流	218.17	212.17	116.87	63.02	14.95	17.33	6	2.75	45.04
		松花江界河	232.22	230.22	90.57	42.14	41.71	55.8	2	0.86	41.31
		小计	713.15	697.74	361.92	151.23	83.58	101.01	15.41	2.16	40.76
	辽河区	西辽河	53.26	50.37	7.45	24.2	3.44	15.28	2.89	5.43	48.03
		东辽河	10.35	10.2	3.16	0	2.54	4.5	0.15	1.45	23.07
		辽河干流	45.24	42.64	13.29	5.2	8.05	16.1	2.6	5.75	28.36
		浑太河	58.06	55.63	29.53	5.63	6.59	13.88	2.43	4.19	48.30
		辽河界河	61.9	59.16	27.36	4.11	5.68	22.01	2.74	4.43	36.84
		小计	228.82	218	80.79	39.14	26.3	71.77	10.82	4.73	37.17
	合计		941.97	915.74	442.71	190.37	109.88	172.78	26.23	2.78	41.26
2050 年	松花江区	嫩江	201.59	201.21	95.43	56.66	20.41	28.71	0.38	0.19	44.88
		松花江南源	101.59	100.87	59.05	18.26	6.51	17.05	0.72	0.71	44.14
		松花江干流	239.16	237.26	116.87	78.31	14.95	27.13	1.9	0.79	48.78
		松花江界河	286.33	285.68	90.57	60.08	42.97	92.06	0.65	0.23	56.78
		小计	828.68	825.02	361.92	213.31	84.84	164.95	3.66	0.44	49.34

续表

水平年	分 区		需水量/亿 m³	按水源分类供水量/亿 m³					缺水量/亿 m³	缺水率/%	开发率/%
				合计	地表水	地下水	再生水	外调水			
2050年	辽河区	西辽河	63.86	63.11	7.45	24.2	3.44	28.02	0.75	1.17	48.03
		东辽河	15.29	15.23	3.16	3.54	2.54	5.99	0.06	0.39	48.91
		辽河干流	54.11	53.48	13.29	14.07	8.05	18.07	0.63	1.16	41.96
		浑太河	89.21	88.7	29.53	20.69	6.59	31.89	0.51	0.57	68.98
		辽河界河	89.44	88.92	27.36	5.24	5.68	50.64	0.52	0.58	53.85
		小计	311.91	309.44	80.79	67.74	26.3	134.61	2.47	0.79	56.08
	合计		1140.59	1134.46	442.71	281.05	111.14	299.56	6.13	0.54	52.39

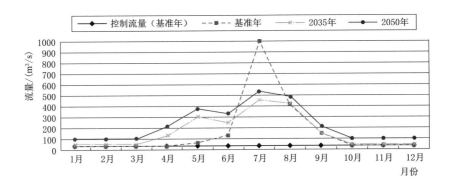

图 6-6 推荐方案 90%保证率嫩江尼尔基断面下泄流量与最小控制流量过程线图

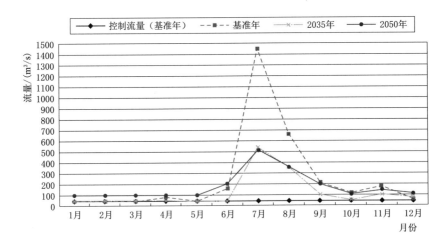

图 6-7 推荐方案 90%保证率嫩江大赉断面下泄流量与最小控制流量过程线图

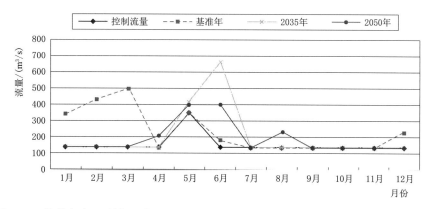

图 6-8　推荐方案 90％保证率松花江南源丰满断面下泄流量与最小控制流量过程线图

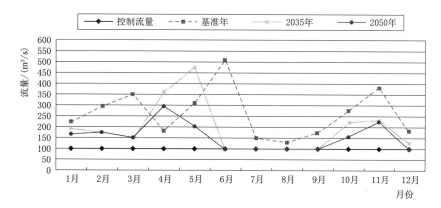

图 6-9　推荐方案 90％保证率松花江南源扶余断面下泄流量与最小控制流量过程线图

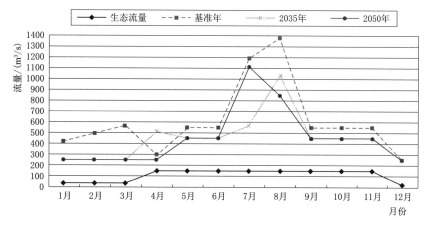

图 6-10　推荐方案 90％保证率松花江干流哈尔滨断面下泄流量与最小生态基流过程线图

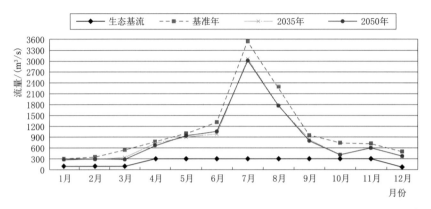

图 6-11 推荐方案 90%保证率松花江干流佳木斯断面下泄流量与最小生态基流过程线图

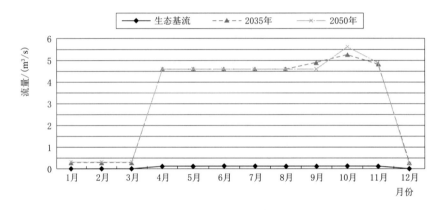

图 6-12 推荐方案 90%保证率东辽河断面下泄流量与最小生态基流月过程线图

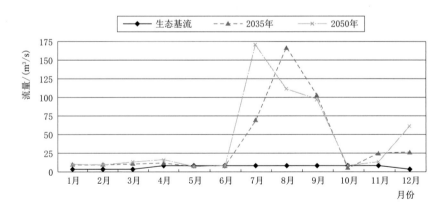

图 6-13 推荐方案 90%保证率辽河干流断面下泄流量与最小生态基流月过程线图

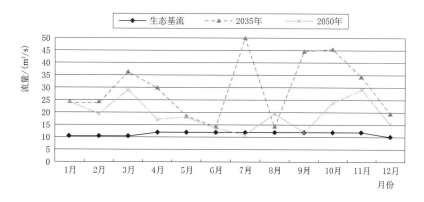

图 6-14 推荐方案 90％保证率大辽河断面下泄流量与最小生态基流月过程线图

第五节 特枯及连续特枯年份应急对策

松辽流域水资源时空分布极不均匀、地区之间、年际之间丰枯遭遇的一致性较差。一旦局部区域出现特枯干旱，应采取跨流域和跨区域的水资源应急调度以及地下水强化开采措施，尽可能增加特枯水年份的供水量，减少缺水造成的损失，应急对策如下。

（1）在保证满足重点行业用水要求的基础上，非常规地压缩一般行业的用水需求。特枯年份或连续枯水年，可供水量衰减剧烈，水资源供给和需求矛盾激化，应根据行业用水保证率的高低，确定供水优先顺序为：①生活和副食品生产用水；②重点工业用水；③一般工业及重要河流用水；④农业用水。在特枯年份，首先削减农业用水；尤其是在连续 2～3 个连续特枯年份时应启动应急预案，按照上述优先顺序，压缩各项用水指标。在压缩或抑制用水需求时，除加强各项日常管理措施外，非常规的行政手段和经济手段也应纳入应急措施当中，如特殊时期强行关闭高耗水企业，限时限量供水等。

（2）充分挖掘流域内供水潜力，启动应急水源或战略储备水源。在特枯年或连续枯水年份，根据缺水程度可以适时动用流域内水库部分备用库容，甚至启用死库容或者及时启动应急水源供水。由于地下水具有多年调节能力，如遇枯水年可适当增加地下水开采量，并在其后的丰水年和平水年通过调蓄补源、以丰补歉。加大非常规水源供水量，再生水用于园林绿化、道路喷洒、河道景观等，置换新鲜水。采取一系列非常规的压缩用水需求和挖潜措施以外，还可以利用调水工程，增加外调水量，以解决松辽流域水资源异常短缺问题。如遇 2～3 个连续枯水年或特枯年时，可考虑启动战略储备水源。

（3）大力推进流域／区域之间水资源统一调控和多水源应急调度。当松辽流域遭遇特枯年份时，可加大流域／区域间外调水与地表水、地下水及非常规水源供水量，通过水资源配置工程和水系连通工程，利用河（渠）湖（库）相连、丰枯相济的"九横八纵"水资源配置总体布局及流域层面、省地市层面骨干水网和日常水源、应急水源与战略储备水源"长远结合、远近互补"全时空覆盖的城乡供水"三重安全"保障体系，实现区域之间水资源统一调配，增强特枯年份的供水能力。

（4）加快规划工程实施进度，科学论证应急水源和战略储备水源建设。随着松辽流域的快速发展，水资源供需矛盾将日益加剧，迫切需要尽早推进和修建蓄引调水工程、污水处理及再生水利用工程，积极推进应急水源和战略储备水源的科学论证和建设步伐，为尽快建成日常水源、应急水源与战略储备水源"长远结合、远近互补"全时空覆盖的城乡供水"三重安全"保障体系提供依据。

第七章 水资源战略配置格局与适应性分析

第一节 水资源战略配置格局

松辽流域水资源总量 1953.3 亿 m^3，人均、亩均水资源量分别为全国平均值的 80.7％和 27.21％，水资源整体分布东多西少、北多南少、边缘多腹地少，水资源时空分布不均，松花江流域人均、耕地亩均占有水资源量仅为 $1669m^3$、$346m^3$，辽河流域人均、耕地亩均占有水资源量仅为 $640m^3$、$221m^3$，水资源的时空分布与需求相差较大。东部和北部周边河流及其支流，尤其是界河水资源丰富，但人口较少，水资源的需求较低，水资源开发利用率低。流域中部地区，缺少有效调蓄工程，城市、工业和农业用水在河流来水不能满足用水的情况下，超采地下水；西部地区，由于工业和城市的发展，加上农业结构不符合半干旱地区的自然条件，经济社会用水大量挤占了生态环境用水，导致河流断流、湿地干涸，地下水位下降，形成严重的生态环境危机，亟须提高流域中部、西部地区水资源供给保障能力。

松辽流域水资源与经济发展和生产力布局呈逆向分布，围绕深入推进东北老工业基地振兴和保障国家粮食安全战略，必须从全局出发统筹考虑经济社会发展对水资源的需求，立足流域和区域水利发展现状与特点，因地制宜，突出重点，遵循北部开发利用为主，东部开发与保护并重，中部、南部开源节流并重，西部保护修复并举的原则，积极开发东部和北部水土资源，保障和促进中部、南部地区发展，保护和修复西部生态环境。

松辽流域水资源分布特点和原规划的水资源配置格局，在新时代新发展理念和新发展格局下显得有些不适应，不能满足新时代生态保护和高质量发展新增用水需求。为此，在继续完善和构建松辽流域"北水南调，东水西引"总体格局背景下，在更高站位和高远视角下积极谋划和探讨未来新增跨流域调水工程建设的可行性，进一步完善"北水南调，东水西引"的水资源战略配置总体格局，提升流域水资源安全保障能力，提高城镇和粮食主产区供水保障水平。其中，北水南调工程体系主要包括已在建的引嫩骨干、引绰济辽以及正在开展前期工作的黑龙江省重点引水工程等；东水西引工程体系主要包括已（在）建的辽宁省重点引水工程、吉林中部引松供水工程、哈达山水利枢纽工程、引嫩入白工程以及正在开展前期工作的吉林省重点引水工程、引嫩济锡工程等。

通过全面科学谋划和分步实施建设辽宁省重点引水工程及内蒙古支线工程，吉林中部引松供水工程、吉林省重点引水工程、引绰济辽工程、引嫩济锡工程等骨干工程，大安灌区引水工程、哈达山水利枢纽工程、"两江一湖"灌区等骨干及配套工程，挠力河灌区引水工程、松花江灌区引水工程、乌裕尔河灌区引水工程等灌区工程，改建和扩建节水生态型大中型灌区，实施现有灌区续建配套、节水改造和井改渠等现代化改造提升工程，以及海龙水库、二龙山水库、蔓窝水库、白石水库等清淤扩容和综合整治工程、城乡供水水源提升工程及应急水源、战略储备水源建设，新建和扩建净水厂、污水处理及再生水利用工程及其配套管网工程，以及河湖生态修复和水系连通及万里绿水长廊工程、湖库-河渠-灌域组成的"点-线-面"回灌补源工程和数字孪生流域建设等，到 2050 年全面建成"日常供水水源-应急水源-战略储备水源"三重安全保障的城乡一体化供水体系和"河（渠）湖（库）相连-井渠双灌"相结合的节水生态型现代化灌溉体系，及以国家级、省地市级湿地保护区为重点和集"生物多样性-水质净化-水景观打造-地下水回灌补源"于一体的河湖生态水系等三大体系为主体，形成以"以哈长城市群，辽中南城市群，长吉图开发开放先导区、哈大齐工业走廊、沈阳经济区和辽宁沿海经济带等为经济中心，以松嫩平原、三江平原、辽河平原等为农业产业发展聚集区，以西辽河、嫩江和额尔古纳河等为畜牧业发展集聚区"等为重点，与城市（群）总规、国土空间规划、战略性新兴产业规划、区域发展战略与中心城市（群）定位等相协调和相适应的基于"北水南调、东水西引"的"九横八纵"水资源配置总体格局，水资源供需矛盾得到解决，全面实现"优水优用、高水高用""城乡供水一体化、农村供水城市化"和"应引尽引、应用尽用、应灌尽灌"，以及"河湖生态美丽、地下水动态全域恢复"等目标，城乡生活、生产和生态安全供水保障能力得到全面提高，强力支撑和保障东北老工业基地全面振兴、国家商品粮基地建设与筑牢国家东北边陲生态屏障，再展东北老工业基地国家脊梁的往日雄风，绘就黑土地黄金玉米带、东北绿色大米和漫山遍野大豆高粱等现代大农业风貌及"北大仓"那一望无际的鱼米之乡美景画卷，重现东北往昔水草丰茂、飞禽走兽乐园的无限生机活力和北大荒的原生态美景，为实现国家第二个百年强国梦想和松辽流域全面迈入人水和谐的生态文明社会和实现"水清、泉涌、流畅、岸绿、景美"的幸福松辽提供强有力的水资源安全保障。松辽流域已建大型水库工程示意图见附图 2。

第二节 水资源战略配置格局适应性分析

一、与"三梯次"发展总体布局的适应性

松辽流域面积占全国的 13%，总人口占全国的 8.8%，GDP 占全国的 6.7%，水资源量占全国的 7.1%，年供水量约 715 亿 m³，是我国重要的工业基地、农业主产区和生态屏障。但受东北地区经济下行压力影响，发展与保护的矛盾日益突出。流域水资源整体分布呈现"东多西少、北多南少、边缘多腹地少"的态势，水资源开发利用不平衡、不充分与严重过度同时存在，有些局部区域水资源短缺矛盾依然十分突出。

随着流域生态保护和高质量发展持续推进、生态环境不断改善和人民生活水平逐步提高，以及人民日益增长的美好生活需要和不平衡不充分的发展之间的矛盾逐渐得到缓解或彻底解决，未来一段时期用水需求将会进一步增强，水资源短缺和供水不足的矛盾仍将长期存在，同时结构性、区域性、工程性、污染性与管理性缺水问题仍将不同程度地长期存在，有时甚至还很严峻或凸显。尤其是，流域中西部地区水资源供给保障能力亟待大幅度提高，中部地区为松辽流域老工业基地集聚区和重要城市群、人口密集区及农业灌溉集中

分布区，用水需求大，西部地区受自然降水影响偏少，水资源匮乏，经过多年开发利用，辽河干流、浑太河、西辽河等流域水资源开发利用率已达60%以上，亟须采取调整产业结构和经济布局、实施深度节水和修建外调水工程等有效措施提高该区域水资源承载能力。

根据流域三梯次发展总体思路和布局的要求，第一梯次为限制开发区或保护区，主要分布在松辽流域长白山、燕山和大小兴安岭等山脉控制形成的各大干支流大型控制性水源工程（包括规划工程）以上，水资源比较丰富且尚有较大的开发利用潜力。为严格保护和涵养水源，需要严格禁止高污染高耗水工业发展，严格控制人口增长和城镇化规模，大力扶持战略性新兴产业和高精尖清洁型高端产业发展，鼓励和扶持发展休闲养生和观光旅游业、绿色生态农业和特色种植业发展。第二梯次为优化开发区，主要分布在重要水源工程、重要国家级湿地保护区以上和重要界河流域，该区域水资源时空分布与经济社会发展用水需求不匹配问题较为突出，各种竞争性用水矛盾比较严峻，各类工程调配能力严重不足。尤其是随着生态保护和高质量发展不断推进，加上农业种植结构与半干旱半湿润的气候条件不匹配和不协调不适应，导致大量开采地下水和大量挤占生态环境用水，河流断流和湖泊湿地萎缩，水资源供需矛盾日益突出。因此，需要严格限制高污染高耗水工业发展，大力扶持传统优势行业转型升级和先进装备制造、电子信息、新能源等中高端产业发展，支持城镇化和工业化发展，大力发展生态宜居、商贸旅游、节水环保绿色农副产品加工业、生态农业和特色种植业；坚持"节水优先"，按照"确有需要、生态安全、可以持续"和"先节水后调水、先治污后通水、先环保后用水"的原则，以保障经济社会合理用水需求和生态环境健康稳定为目标，规划建设各类蓄水工程、引调水工程、河湖水系连通工程及河湖生态水系修复与提升工程等，不断调整和优化水资源配置工程布局，逐步退还超采的地下水和挤占的生态环境用水，复苏河湖生态环境，维护河湖健康生命。第三梯次为重点开发区，主要分布在重要水源工程和湿地保护区以外区域，该区域水资源禀赋条件较差，生态环境损坏外溢效应不突出可控，当地工业基础优越，未来可优先支持当地优势行业和特色工业，鼓励新建、改建、扩建传统重点行业建设项目及有关重大中低端产业发展，积极支持城镇化和工业化发展，大力扶持当地特色农副产品加工业、优势农业和特色种植业发展；未来需要在实施节水优先方针的前提下，大力推广节水新技术、新工艺，发展节水型产业，优化调整作物种植结构，推进适水种植、量水生产，通过优先修建外调水工程和污水处理及再生利用工程等，尽早实现水资源空间均衡配置，不断完善水资源配置工程体系，持续提高水资源统筹调配能力、供水保障能力和战略储备能力，彻底消除水资源开发利用不平衡不充分问题，大幅度提高该区域水资源承载能力。

二、与"五大区"发展布局的适应性

（一）北部区

北部区包括额尔古纳河、黑龙江、嫩江尼尔基水库以上等区域，该区域植被良好，水多人少，并拥有较丰富的水资源，区域水资源开发利用程度较低，具有较大的开发利用潜力。未来随着城镇化、新型工业化、国家商品粮基地及畜牧业地基和生态屏障建设等，应加快推进该地区水资源配置工程前期工作，合理调配区域水资源，尽早解决区域水资源开发利用不平衡不充分问题，进一步提高城镇和粮食主产区供水安全保障程度。

（二）东部区

东部区包括乌苏里江、鸭绿江、图们江、绥芬河、松花江干流下游（含三江平原）、松花江南源丰满水库以上等区域，该区域水资源丰沛，绥芬河、图们江水资源开发利用程度较低，具有较大的开发利用潜力，但乌苏里江流域水资源开发利用程度较高，地下水超采问题日益显现，未来应适当加快区域水资源开发与合理调配。在水土资源匹配好的区域，合理发展灌溉面积和有效保护河湖湿地保护区，科学实施井渠双灌和高效节水灌溉模式，有效提高耕地灌溉率和农业生产水平，确保国家粮食安全和生态安全。

（三）中部区

中部区包括嫩江尼尔基水库以下、松花江干流上中游、松花江南源丰满以下的松嫩平原以及辽河干支流的辽河平原等区域，该区域为流域农产品主产区和优化开发区，区域水资源相对紧缺，水资源调配能力不足，水资源供需矛盾突出。其中，嫩江流域现状地表水资源开发率为27%，通过分步实施北水南调工程体系，为松嫩平原粮食主产区和齐齐哈尔市、大庆市、白城市等城市用水提供安全的水源保障；通过北中引嫩扩建工程建设，逐步退还超采的地下水，实现井渠双灌和地表水与地下水联合调控及高效利用；实施现有灌区续建配套和现代化节水改造，大力发展高效节水灌溉面积和农副产品加工产业集群，提高农业生产和农产品加工水平，为向海、扎龙、莫莫格等国家级自然保护区提供水源保障，恢复和重现北大荒原生态美景。松花江南源依托丰满水库重建工程和吉林中部引松供水工程及哈大山水利枢纽工程等，为吉林中部地区生活、生产、生态用水提供可靠的水源保障；哈长城市群在调整产业结构和优化升级的同时，做好水资源集约节约利用，把水资源作为最大的刚性约束，加快实施灌区续建配套和现代化节水改造工程，实施农业节水和高效利用，提高耕地灌溉率及抵抗自然灾害的能力。松花江干流适时兴建一批大中小型蓄引提工程，有效增加水资源调蓄能力和安全供水能力，保障重点城市生活、生产和粮食主产区供水安全；加快水库和城市应急备用水源建设，加大灌区续建配套和现代化改造工程，发展规模适宜的灌溉面积，提高耕地灌溉率和确保粮食稳产高产。辽河平原以蓄为主，蓄引提调相结合的区域水资源供给保障体系，重点解决重点城市水资源供需矛盾；加快大伙房输水二期二步工程等前期论证建设步伐，有效提高该区域安全供水保障能力；加强灌区续建配套和现代化节水改造工程，保障灌区高质量发展；加快实施河湖生态水系修复和综合治理工程，确保河湖生态水系健康及重现生机盎然的辽河画卷。

（四）南部区

南部区包括大凌河、小凌河、碧流河、大洋河等独流入海河流的东北沿黄渤海诸河，水资源比较匮乏，未来应开源节流，深入推进节水型社会建设，在满足节水优先的前提下，实施产业结构调整和引调水工程建设，有效解决该区域水资源短缺问题，进一步提高区域水资源承载能力。为此，未来应深入开展大连供水工程前期论证工作，加强城市应急备用水源建设，保障大连市、锦州市和葫芦岛市等水资源短缺问题。尤其是锦州、朝阳、葫芦岛市地处水资源短缺的干旱地区，要依靠辽宁省重点供水二期工程建设，彻底解决城镇及工业和农业供水不足问题，为区域生态保护和高质量发展提供可靠的水源保障。

（五）西部区

西部区包括西辽河、大兴安岭以西、嫩江干流下游的洮儿河、霍林河地区，该区域内水土资源不均衡问题十分突出，生态环境脆弱和水资源承载能力低，地下水超载严重和河道断流加剧、湖泊湿地萎缩、草地沙化、退化和土壤盐碱化等严重。在充分发挥自然自我修复能力的前提下，积极推动"北水南调、东水西引工程"前期论证和建设工作，以保障国家畜牧业基地和中低产田改造、能源基地建设和新型城镇发展对水源的需求。以农牧业生产为重点，发展农牧区水利建设，实施水资源集约节约利用；加快推进辽宁省重点引水工程内蒙古支线建设和引绰济辽工程建设、引嫩济锡和吉林省重点引水工程等前期论证工作。该区域水资源配置的重点为：加强河湖水系连通工程建设，加快形成西部地区基于"北水南调、东水西引工程"的水资源配置工程体系，有必要加强研究和论证将松花江区水资源调往辽河区的可行性，积极推进形成松辽流域层面和省、市、县各层级相互嵌套和大小互补的水网体系，为松辽流域五大区之间协调、均衡和可持续高质量发展提供可靠的水资源安全保障。

第八章 水资源战略配置实施路径与保障措施

第一节 水资源战略配置实施策略

根据建设幸福松辽这一总体目标，以实现"生活空间宜居舒适、生产空间集约高效、生态空间山清水秀"为导向，统筹推进山水林田湖草沙系统治理，通过实施林海水库、北安水库、十六道岗水库、青龙山水库、东城水库（增容）、石湖水库、沙里寨水库、石门岭水库等大型蓄水工程和大伙房输水工程、辽宁省重点引水工程及内蒙古支线工程、吉林中部引松供水工程、吉林省重点引水工程、引绰济辽工程、大连供水工程等大型引调水工程，最终形成基于"北水南调、东水西引"的"九横八纵"水资源配置总体格局，流域层面大水网格局全面形成并发挥效益，为国家"粮食安全、能源安全、产业安全和生态环境安全"等提供强有力的保障。

（1）加快推进集"日常供水水源-应急水源-战略储备水源"三重安全保障的城乡一体化供水体系建设步伐，确保全流域城乡居民饮用水安全和第二三产业用水安全，进一步提高城乡一体化供水保障能力。

在保障东北老工业基地振兴、新型城镇化建设和乡村振兴方面：2015年习近平总书记在吉林考察时指出，东北老工业基地乡村振兴战略要一以贯之抓，要大力推进产业结构优化升级，扩大基础设施建设[1]。2018年习近平总书记在辽宁考察时强调，新时代东北振兴是全面振兴、全方位振兴[2]。2023年习近平总书记在新时代推动东北全面振兴座谈会上发表重要讲话，强调牢牢把握东北的重要使命，奋力谱写东北全面振兴新篇章[3]。新时代赋予东北地区新的使命和责任，推动东北地区经济发展，必须将东北振兴战略更好融入国家发展格局，推动东北实现全面振兴。根据《东北地区振兴规划》，东北地区将建设成为具有国际竞争力的装备制造业基地、国家新型原材料和能源保障基地、国家重要的技术研发与创新基地等。其中，辽中南地区是国家层面优先实施工业化、城镇化开发的重点地区，哈长地区是国家层面重点实施工业化、城镇化开发的地区，但水资源时空分布与人口和产业布局不匹配，未来应通过加快实施"北水南调、东水西引"工程等逐步加以解决。辽中南地区缺水问题，由辽宁省逐步实施的北中南三线"东水济辽"水资源配置工程予以解

---

① 习近平再谈东北振兴"两会"时间东三省喜获强心剂. 人民网，2016-03-07.

② 奋力书写东北振兴的时代新篇——习近平总书记调研东北三省并主持召开深入推进东北振兴座谈会纪实. 新华网，2018-09-30.

③ 习近平主持召开新时代推动东北全面振兴座谈会强调：牢牢把握东北的重要使命 奋力谱写东北全面振兴新篇章. 新华社，2023-09-09.

决。其中，辽宁省重点引水工程输水至辽西北地区的铁岭、阜新、朝阳、锦州、葫芦岛等5市及沈阳北部地区，解决城乡生活、生产、生态缺水问题，总供水规模为18.76亿 m^3；大伙房输水工程，解决辽宁中部沈阳、抚顺、辽阳、鞍山、盘锦、营口等6个城市以及大连近期缺水问题，供水规模为18.43亿 m^3；大连供水工程主要解决大连、丹东两地缺水，已建成运行的三湾水利枢纽、铁甲水库等用于解决丹东缺水问题，已建成运行的引碧入连、引英入连、引大入连工程连同正在规划的大连中长期域内外调水工程，共同解决大连缺水问题。

哈长地区吉林省境内缺水问题，以建成运行的引嫩入白供水工程（配置水量6.44亿 m^3）、哈达山水利枢纽工程（多年平均引水量19亿 m^3）、吉林中部引松供水工程（总供水量8.98亿 m^3）以及规划的吉林省重点引水工程等加以解决。

西辽河区大部以及辽河干流区西北部，生活、生产与生态竞争性用水矛盾突出，很大一部分地区生活、生产饮用水安全无法保障、河道断流和地下水超采比较严重。西辽河流域缺水问题除调整产业结构和大力推广节水措施外，主要依靠开发当地水资源和实施引绰济辽工程（引水量4.88亿 m^3）、辽宁省重点引水工程内蒙古支线工程（引水量2.26亿 m^3），以及引嫩济锡工程（引水量4.21亿 m^3）等加以解决。

综上，通过修建林海水库、北安水库、十六道岗水库等大型蓄水工程和辽宁省重点引水工程及内蒙古支线工程、吉林中部引松供水工程、吉林省重点引水工程，引绰济辽工程等大型引调水工程及配套工程和水源置换工程，并对已建农村饮水工程改造提标，将现有地下水供水水源逐步转变为应急水源或战略储备水源，最终建成全流域集"日常供水水源-应急水源-战略储备水源"三重安全保障的城乡一体化供水体系，全面实现"优水优用、高水高用""城乡供水一体化和农村供水城市化"等目标，确保松辽流域城乡饮用水安全和产业安全，支撑和保障东北老工业基地得到全面振兴，再展东北老工业基地国家脊梁的往日雄风。

（2）加快建设"河（渠）湖（库）相连-井渠双灌"相结合的节水生态型现代化灌溉体系，确保国家粮食安全，有效提升国家粮食增产潜力。

在保障国家粮食安全方面：习近平总书记在东北考察时多次指出，要坚持发展现代农业方向，率先实现农业现代化。实现农业现代化，必须实现水利现代化，灌溉用水必须先保障。2015年习近平总书记在吉林考察时指出，国家要加大对粮食主产区的支持，增强粮食主产区发展经济和增加财政收入能力[①]。2018年习近平总书记在辽宁考察时强调，新时代东北振兴是全面振兴、全方位振兴[②]。2023年习近平总书记在新时代东北全面振兴座谈会上强调，东北应"在维护国家国防安全、粮食安全、生态安全、能源安全中积极履职尽责"，这是赋予东北的重要战略使命[③]。根据《东北地区振兴规划》，东北地区将建设成为国家重要商品粮和农牧业生产基地、国家生态安全的重要保障区。松辽流域是我国重要

---

① 习近平再谈东北振兴 "两会"时间东三省喜获强心剂. 人民网，2016 - 03 - 07.

② 奋力书写东北振兴的时代新篇——习近平总书记调研东北三省并主持召开深入推进东北振兴座谈会纪实. 新华网，2018 - 09 - 30.

③ 习近平主持召开新时代推动东北全面振兴座谈会强调：牢牢把握东北的重要使命 奋力谱写东北全面振兴新篇章. 新华网，2023 - 09 - 09.

的粮食基地和商品粮基地，耕地大约占全国的15%。根据《全国新增1000亿斤粮食生产能力规划》确立的目标和要求，未来需要东北地区承担30%以上的任务。

松辽流域粮食主产区是松嫩平原、辽河平原和三江平原，随着尼尔基水利枢纽工程、引嫩扩建骨干工程、引嫩入白供水工程、大安灌区引水工程、哈达山水利枢纽工程、"两江一湖"灌区等工程建成运行，平原易耕作土地大多可实现供水灌溉和高产稳产。目前，松嫩低平原是松辽流域最后两块可大面积开垦的处女地，后备土地资源丰富，松嫩低平原现有1470万亩中轻度盐碱地，适合"以稻治碱"，但该地区用水紧张，规划的引调水工程拟为松嫩低平原区供水20多亿 m^3，以解决当地盐碱地改良和扩大灌溉面积用水需求及实施湖泊湿地生态补水问题。

综上，通过修建引嫩扩建骨干工程、引嫩入白供水工程、大安灌区引水工程、哈达山水利枢纽工程、乌裕尔河灌区引水工程、引松济卡工程和黑龙江省重点引水工程，改建和扩建节水生态型大中型灌区，完善和提升灌区续建配套、节水改造和井改渠（实现井渠双灌，积极压减地下水、尽量增加地表水灌溉水量）等工程，累计新增灌溉面积5872万亩，农田灌溉水利用系数提升到0.62以上，最终实现"应引尽引、应用尽用、应灌尽灌"目标，再展黑土地黄金玉米带、东北绿色大米和漫山遍野大豆高粱等现代大农业风貌和祖国东北边陲"北大仓"那一望无际的鱼米之乡美景。

（3）大力推进以国家级、省地市级湿地保护区为重点和集"生物多样性-水质净化-水景观打造-地下水回灌补源"于一体的河湖生态水系建设，确保全流域水生态健康和水环境宜居，重现北大荒原生态美景，进一步提高和筑牢国家东北边陲生态屏障。

在保障生态安全方面：2018年习近平总书记在吉林考察时指出，良好生态环境是东北地区经济社会发展的宝贵资源，也是振兴东北的一个优势，要把保护生态环境摆在优先位置，坚持绿色发展[①]。松辽流域是我国"两屏三带"生态安全战略的重要组成部分，涉及其中的东北森林带和北方防沙带，涵盖大小兴安岭森林生态功能区、长白山森林生态功能区、呼伦贝尔草原草甸生态功能区、科尔沁草原生态功能区、三江平原湿地生态功能区等国家重点生态功能区。

科尔沁草原生态功能区涉及霍林河大部分区域。2017年开工建设的吉林西部供水工程，主要依托现有引嫩入白、哈达山水利枢纽、引洮分洪入向以及大安、白沙滩、哈吐气、前郭、松原灌区等工程，利用嫩江、松花江南源、洮儿河洪水资源以及灌溉回归水量，对生态功能区内河湖湿地进行补水，多年平均引水量为5.45亿 m^3，其中引洪水资源量为3.39亿 m^3，但也仅能维持霍林河生态功能区核心区一定范围内的生态功能需水，目前正在规划和论证的吉林省重点引水工程规划向霍林河生态功能区实施生态补水，以改善向海湿地等的水生态环境及水资源保障条件。

西辽河区大部以及辽河干流区西北部，生活、生产与生态争水矛盾突出，很大一部分地区生活、生产饮用水安全无法保障、河道断流和地下水超采比较严重。2018年开工建设的引绰济辽工程，自绰尔河引水至西辽河区，并向沿线城市和工业园区供水，年设计引水量为4.88亿 m^3。正在规划的辽宁省重点引水工程内蒙古支线工程，也主要解决西辽河区通辽、赤峰等城市和工业园区供水需求。由于跨流域引调水工程可以将以前生活、工业

[①] 吉林巩固提升绿色发展优势（走东北 看振兴）. 人民网，2023-07-24.

用水挤占的河道内生态环用水量退还给河道内生态环境，从而改善河道内生态环境和生物多样性，极大地缓解或解决河道内生态流量衰减甚至枯竭、断流等问题。

值得关注的是：嫩江流域尼尔基水利枢纽工程、引嫩扩建骨干工程、引嫩入白工程、大安灌区引水工程、哈达山水利枢纽工程、吉林省重点引水工程及配套灌区大量退水，有效地为各级湖泊沼泽湿地保护区实施生态补水，逐步改善和修复受到干涸、盐碱化威胁的大片大片原生态湖沼湿地，重现其往昔水草丰茂、呦呦鹿鸣的美景。

综上，通过修建跨流域河湖生态水系连通工程和万里绿水长廊工程，以及湖库-河渠-灌域组成的"点-线-面"回灌补源工程，新建和扩建或提质全流域城乡污水处理及再生水利用工程，确保全流域污水收集率及处理率均达到95%以上，第一梯次限制开发区和第二梯次部分优化开发区规模以上污水处理厂均执行地表水准Ⅳ类标准，第一梯次限制开发区再生水利用率达到90%以上，全面建成生态型湖库-河渠-灌域-湖沼-河流组成的集"水质净化-水景观-地下水回灌补源"等功能于一体的河湖生态水系，全流域河流湖库水质状况及生物多样性得到全面改善和提升，重要河湖实现"有水的河湖"向"流动的河湖""生态的河湖"飞跃，最终实现"河湖生态美丽、地下水动态全域恢复"等目标。

第二节　水资源战略配置实施路径

根据建设幸福松辽这一总体目标，全面提升松辽流域水资源安全保障能力，科学调整和优化完善全流域基于"北水南调、东水西引"的"九横八纵"水资源战略配置格局，通过"修建和完善城乡一体化供水体系""修建和提升配套节水生态型现代化灌溉体系""治理和修复河湖生态水系"等三大体系实施路径，着力推动"城乡一体化供水体系类工程、节水生态型现代化灌溉体系类工程、河湖生态水系类工程和信息化类工程"等四大类工程建设，全面提升水资源优化配置能力、水资源集约节约利用能力和河湖生态保护治理能力，为全面建设社会主义现代化国家和率先实现幸福松辽提供强有力的水资源安全保障。

一、修建和完善城乡一体化供水体系

（1）近期（2017—2035年）以"水利工程补短板"为重点，通过修建林海水库、北安水库、花园水库、关门嘴子水库等32座大型水库和辽宁省重点引水工程及内蒙古支线工程、吉林中部城市引松供水工程、吉林省重点引水工程，引绰济辽工程等11项大型引调水工程及配套工程和水源置换工程，压减超采区地下水开采规模，并将现有地下水供水水源逐步转变为应急水源或战略储备水源，全面实施农村饮水工程改造提标等，形成"七横八纵"水资源配置总体格局，总体建成"日常供水水源-应急水源-战略储备水源"三重安全保障的城乡一体化供水体系，基本实现"优水优用、高水高用"和"城乡供水一体化、农村供水城市化"目标。

（2）远期（2036—2050年）以提升完善现有存量水利工程和配套工程扩建及改造提标为重点，通过修建北水南调工程、吉林图松引水工程，扩容老龙口水库，实施海龙水库、二龙山水库、蓂窝水库、白石水库等清淤扩容和综合整治工程、工业-生活供水水源提升工程及应急水源、战略储备水源建设，新建和扩建净水厂、污水处理及再生水利用工程及其配套管网工程，全面形成"九横八纵"水资源配置总体格局，系统建成"日常供水水源-应急水

源-战略储备水源"三重安全保障的城乡一体化供水体系，全面实现"优水优用、高水高用"和"城乡供水一体化、农村供水城市化"目标，全流域城乡居民都喝上放心的优质水，农村自来水普及率实现 99% 以上，城乡生活、生产和生态安全供水保障水平得到全面提升。

二、修建和提升配套节水生态型现代化灌溉体系

（1）近期（2017—2035年）以实施大中型灌区续建配套与节水改造工程等为重点，通过修建引嫩扩建骨干工程、引嫩入白供水工程、大安灌区引水工程、哈达山水利枢纽工程、"两江一湖"灌区等骨干及配套工程，松花江灌区引水工程、乌裕尔河灌区引水工程、引松济卡工程和黑龙江省重点引水工程等灌区引调水工程，改建和扩建节水生态型大中型灌区，完善和提升灌区续建配套、节水改造和井改渠（实现井渠双灌，积极压减地下水、尽量增加地表水灌溉水量）等工程，总体建成主客水联调、多水源互补和"河（渠）湖（库）相连-井渠双灌"相结合的节水生态型现代化灌溉体系，新增灌溉面积 4410 万亩，农田灌溉水利用系数由现状的 0.6 提升到 0.61 以上，基本实现"应引尽引、应用尽用、应灌尽灌"等目标。

（2）远期（2036—2050年）以实施节水生态型灌区节水改造和现代化提升工程等为重点，通过推进实施大中型灌区续建配套、现代化节水改造以及渠灌恢复与生态型提升工程，全面建成主客水联调、多水源互补和"河（渠）湖（库）相连-井渠双灌"相结合的节水生态型现代化灌溉体系，新增灌溉面积 1460 多万亩，农田灌溉水利用系数由现状的 0.6 提升到 0.62 以上，全部实现"应引尽引、应用尽用、应灌尽灌"等目标，再展黑土地黄金玉米带、东北绿色大米和漫山遍野大豆高粱等现代大农业风貌和祖国东北边陲"北大仓"那一望无际的鱼米之乡美景。

三、治理和修复河湖生态水系

（1）近期（2017—2035年）以河湖生态水系修复、地下水回灌补源和污水处理及再生水利用为重点，通过修建跨流域河湖生态水系连通工程和万里绿水长廊工程、"湖库-河渠-灌域"组成的"点-线-面"回灌补源工程，新建和扩建城乡污水处理及再生水利用工程，污水收集率及处理率达到 90% 以上，其中第一梯次限制开发区污水收集率及处理率均达到 95% 以上，规模以上污水处理厂全部执行一级 A 标准，其中第一梯次规模以上污水处理厂率先执行地表水准 IV 类标准，再生水利用率达到 50% 以上，其中第一梯次再生水利用率达到 80% 以上，重要河湖生态水量全部得到保障，实现"有水的河湖"向"流动的河湖"飞跃，河湖水质状况得到显著改善，全流域地表水水质较好（达到或优于 IV 类）比例总体达到 80% 以上，地下水动态止跌回升，重要湖泊湿地（国家级湿地）面积恢复到 20 世纪 70 年代末水平，全流域生态环境状况得到明显改善和提升，全流域生态环境实现历史性好转并恢复往日勃勃生机。

（2）远期（2036—2050年）以实现水质提升和水生态环境修复改善为重点，通过新建和扩建或提质城乡污水处理及再生水利用工程，污水收集率及处理率均达到 95% 以上，第一梯次限制开发区和第二梯次部分优化开发区规模以上污水处理厂均执行地表水准 IV 类标准，再生水利用率达到 75% 以上，其中第一梯次限制开发区再生水利用率达到 90% 以上，全面建成全流域河湖生态水系及生态型景观连通工程、生态型湖库-河渠-灌域组成的"点-线-面"回灌补源工程等，最终形成集"水质净化-水景观打造-地下水回灌补源"于一体的河湖生态水系，确保"应引尽引、应用尽用、应灌尽灌"和"回补地下水累计亏空量"及河湖水流平稳顺畅，具备水质净化、水生态健康和水环境舒适宜居、水景观赏心悦目，以及地下水回灌补源和扩大渠灌面积等多种功效，全流域河流湖水质状况及生物多样性得到全面改善和提升，重要河湖实现"流动的河湖"到"生态的河湖"飞跃，地下水动态全面回升，主要湖泊湿地（国家级、省地市级湿地）面积和重要区域地下水动态恢复到 20 世纪 70 年代末水平，重现东北谚语里"棒打狍子瓢舀鱼，野鸡飞到饭锅里"的北大荒原生态美景。

第三节　水资源战略配置实施方案

一、近期（2017—2035 年）实施方案

近期（2017—2035 年）实施的规划工程包括"城乡一体化供水体系、节水生态型现代化灌溉体系、河湖生态水系"等三大体系和"城乡一体化供水体系类工程、节水生态型现代化灌溉体系类工程、河湖生态水系类工程和信息化类工程"等四大类工程共计 80 余项，具体包括：林海水库、北安水库、花园水库、关门嘴子水库等 32 座大型水库和吉林中部引松供水工程、引绰济辽工程等大型引调水工程和万里绿水长廊工程与水源置换工程，并对已建农村饮水工程改造提标；以及黑龙江省重点引水工程、引嫩扩建骨干工程、引嫩入白供水工程、大安灌区引水工程、哈达山水利枢纽工程、松花江灌区引水工程、乌裕尔河灌区引水工程、引松济卡等灌区引调水工程，改建和扩建节水生态型大中型灌区，完善和提升灌区续建配套、节水改造和井改渠等工程，以及大中型灌区续建配套、现代化节水改造以及渠灌恢复与生态型提升工程等。

二、远期（2036—2050 年）实施方案

远期（2036—2050 年）实施的规划工程包括"城乡一体化供水体系、节水生态型现代化灌溉体系、河湖生态水系"等三大体系和"城乡一体化供水体系类工程、节水生态型现代化灌溉体系类工程、河湖生态水系类工程和信息化类工程"等四大类工程共计 20 余项，具体包括：扩建增容老龙口水库，实施海龙水库、二龙山水库、蓑窝水库、白石水库等清淤扩容和综合整治工程，推进工业-生活供水水源提升工程及应急水源、战略储备水源建设，新建和扩建净水厂、污水处理及再生水利用工程及其配套管网工程等。

第四节　水资源战略配置工程投资

松辽流域水资源战略配置规划工程包括"城乡一体化供水体系、节水生态型现代化灌溉体系、河湖生态水系"等三大体系和"城乡一体化供水体系类工程、节水生态型现代化灌溉体系类工程、河湖生态水系类工程和信息化类工程"等四大类工程 100 余项，估算规划工程累计静态总投资为 1.42 万亿元（表 8-1）。其中，城乡一体化供水体系类工程累计静态投资为 7335 亿元，占累计静态总投资 52%；节水生态型现代化灌溉体系类工程累计静态投资为 900 亿元，占累计静态总投资 6%；河湖生态水系类工程累计静态投资为 3115 亿元，占累计静态总投资 22%；信息化类工程累计静态投资为 2800 亿元，占累计静态总投资 20%。

表 8 - 1 松辽流域工程投资估算表

名　称	类　别	投资/亿元
城乡一体化供水体系类工程	重大引调水工程	3015
	大中型水库及清淤和扩容工程	340
	城乡供水一体化工程	2180
	应急备用和战略储备水源工程	1800
节水生态型现代化灌溉体系类工程	灌区水源工程及现代化节水改造工程	900
河湖生态水系类工程	区域水系连通和水生态修复工程	1300
	河湖生态水系综合整治和重要水源地保护工程	800
	重要河流生态廊道与提升工程	1015
信息化类工程	立体感知网工程	800
	智慧水利和数字孪生流域	2000
合计		14150

第五节　水资源战略配置保障措施

一、组织责任体系

水资源作为国民经济和社会发展、生态建设与环境保护的重要基础性和战略性资源，在构建社会主义生态文明和谐社会中，肩负着十分重要的职责。各级政府要高度重视水资源优化配置与可持续利用工作，根据新时期所面临的新情况、新问题，进一步贯彻落实科学发展观，完善发展思路，转变发展模式，加快发展步伐，全面推进水资源可持续利用战略。要把水资源战略配置目标及有关规划纳入国民经济、社会发展规划和政府重要议事日程，主要领导亲自抓，并建立相应的组织责任体系和协调机制，明确职责分工，确保责任到位、措施到位、投入到位。各级政府有关部门要按照职责分工，落实规划目标任务。有关政府部门按照职责分工，要加强指导和协调、组织规划实施。要统筹兼顾，突出重点。优先解决人民群众切身利益密切相关的水资源战略配置问题，总结规律、把握趋势、探索实践，把水资源战略配置目标及有关规划要求变成具体可行的目标任务和政策措施，建立分级指导的规划实施机制，务必突出重点和特点，务求取得扎实的成效。

二、法制和体制

积极推进区域水资源法规体系建设，贯彻落实《中华人民共和国水法》，对水资源实施统一和综合管理，推进水资源利用方式从粗放向集约节约利用转变，推进水资源管理方式的转变；以推行行政执法责任制和强化执法为重点，继续推动水资源开发、利用和保护、治理等综合执法；加大执法力度，加强水事纠纷的预防和调处，维护正常的水事秩序。

创新建立合理水价机制，建立健全以"准许成本加合理收益"为核心的定价机制。统筹考虑当地供水事业发展需要，促进节约用水、社会承受力、服务质量等因素，建立促进供水企业降低增效的激励约束机制、供水定期校核机制和补偿机制。由于农产品价格偏低，农民人均收入增加缓慢，对提高水价的承受能力有限，因此农业供水应实行完全成本补偿的保本经营原则，既要保证灌区安全运行所需，又要考虑水价承受能力，制定合理的水价体系：一是要大力推行超定额累进加价制度，在定额内实行基本水价，超出部分，分级实行不同水价；二是推广基本水价和计量水价相结合的"两部制"水价，促进水资源合理利用和灌区工程可持续运行；三是因地制宜实行丰枯季节水价或季节浮动水价，促使用水户调整用水结构和作物种植结构；四是推行"终端水价"制，取消中间环节，灌区直接收费到户。

三、资金投入

改革松辽流域水资源配置工程的资金投入机制，完善投入机制，拓展水资源开发、利用、保护和节约的资金来源，拓宽融资渠道。加大政府投入，各级政府要把水资源开发利用和保护、节约建设列入同级国民经济和社会发展计划，保障有稳定的投入，并逐年增加。

要建立稳定可靠的水资源配置工程投入保障机制，要努力拓宽融资渠道，继续实行国家积极财政政策，完善优惠政策。对以公益性为主的水资源配置、保护、节约的水利事业，政府行为应成为主导，国家（包括中央和地方）投入应当成为主体。继续坚持中央、地方、社会共同办水利的方针，鼓励股份合作办水资源开发利用，完善多元化、多渠道、多层次的投融资体系。

要调整财政支出结构，增加对水资源的配置、保护、节约建设的投入，加强重大水资源配置工程建设。要采取中央、地方投资为主，财政拨款、项目债券、银行中长期贷款等多种渠道筹集水资源开发利用、配置、保护和节水建设资金为辅，并积极利用市场机制筹集建设资金，拓展融资渠道。

增加水资源开发利用、配置、保护和节水建设的投入，要制定相应的政策法规，在国家投资政策引导下，激励社会各界增加对水利工程投入。要坚持不懈加强水利基础设施建设，完善水利建设发展基金，管好、用好建设资金，提高资金使用效率。

重视水资源配置工程的建设，由于大量易于实施的水资源配置工程已相继建成并投入使用，未来规划的配置工程建设成本会越来越高，所涉及的社会、经济、技术、环境问题也越来越复杂。因此，为保证水资源配置工程建设能够及时满足国民经济和社会发展的需求，要适度超前安排，并尽可能列入国家基本建设投资的重点工程。

四、政策措施

公共财政要支撑和服务公共事业发展，公共财政预算安排的优先领域应包括水资源配置、水资源保护、水资源安全和管理、饮用水安全以及节水建设等，要推行有利于上述重点领域建设的经济政策，建立健全有利于上述领域的价格、税收、信贷等政策体系，充分发挥其调节作用，制定相应的财税政策。

认真落实水利基础产业地位，加强和改进水利产业政策，采取经济手段促进产业发展，对新农村建设、饮用水安全、水生态环境保护的修复、水资源节约和保护、水资源节约保护技术以及开发等示范的推广等，应争取纳入中央政府投资支持的重点。

进一步加快松辽流域水权制度建设是实现流域/区域水资源可持续利用的必然要求。建立初始水权分配制度和水权转让制度，进一步明晰水资源产权，加快实行水资源的有偿使用制度。

大力发展循环经济，建立水资源循环利用体系。积极构建水资源节约、高效利用、循环利用的体系，根据水资源条件合理调整经济结构，建立循环经济的水资源可持续发展模式，提高水资源的利用效率与效益，实现水资源优化配置与可持续利用战略。

加快建设节水防污型社会。要强调节水是一项长期的基本国策，农业节水是战略重点，加大工业和城市生活节水力度，建设节水防污型社会，要将节水作为工程纳入基本建设，加强节水的制度建设，节水所需资金应同节能一样，纳入各级政府财政预算。加快节水设备和产品研制和开发，并逐步纳入规范化、标准化、系列化、产业化和市场化。

加强水资源保护，提高水资源承载能力和水环境容量。要扭转水污染和生态环境恶化的趋势。首先加强水资源保护，重点保护水源地，改善饮用水质，加大污水处理回用，提高人居环境和人民健康水平。要建立有效的水资源保护政策和有效管理政策，包括地表水和地下水、水量和水质、水资源保护和高效利用、水量分配和统一调度以及各用水部门与用水户的有效保护与管理，以确保实现水资源战略配置目标及有关规划的目标。

建立水资源战略储备制度，建立风险应急联动机制，提高风险应对能力。针对松辽流域未来可能出现的缺水形势和未来气候变暖对流域水资源的不利影响，各地都应建立水资源战略储备体系，减少特大干旱和应急事件引发饮用水安全、粮食安全等对经济社会生态环境和谐发展的不利影响，建立健全应急管理体系，加强指挥信息系统、应急水源保障，提高处置突发公共事件能力。

五、科技和能力建设

积极落实国家有关科技政策，结合区域水资源配置、保护、节约的重点任务和重要配置工程开展前期论证工作。认真组织水资源科技重大专项立项和实施工作，强化水资源科技创新和成果转化。加快实施最严格的水资源管理制度建设，推进建设项目水资源论证和规划水资源论证、节水产品认证等工作。加强水资源信息化建设，完善水文预警系统监测站网，逐步提高加强水资源监控能力和管理平台建设水平。改革与发展关键在创新，要不断进行观念创新、制度创新、技术创新，它不仅涉及方方面面，包括部门、各阶层，而且涉及水资源事业发展和每个人的利益及水资源管理人员的政治文化素质提高。要大力培养人力资源，大力推进水资源管理队伍的教育和技能发展，提高水资源管理人员素质。

松辽流域已步入必须更多依靠科技进步和创新推动经济社会发展的历史新阶段，要把水资源领域的科技创新放在更加突出的战略地位，进一步加强信息化建设和数字孪生流域建设和逐步提高流域智慧调度和科学管理能力，加强人才队伍建设，推进水资源管理能力建设。

第九章 结 论 与 建 议

第一节 主 要 结 论

一、基本概况

(一) 自然概况

(1) 松辽流域地貌特征是西、北、东三面环山，南濒渤海和黄海，中、南部为宽阔的松嫩平原、辽河平原，东北部为三江平原，东部为长白山系，西南部为燕山山脉七老图山和努鲁儿虎山，西北和东北部为大小兴安岭山脉，中部为松花江和辽河分水岭的低丘岗地。松辽流域总面积 124.9 万 km²，占全国陆地总面积的 13%；流域中山地、丘陵和平原面积分别为 54.1 万 km²、32.6 万 km²、38.2 万 km²，分别占流域总面积的 43.3%、26.1% 和 30.6%。

(2) 松辽流域为温带大陆性季风气候区，冬季严寒，夏季温热，年平均气温为 −4~10℃。年最高气温为 7 月，南北相差不大，极端最高气温为 45℃；年最低气温为 1 月，南北相差较大，南部为 −4℃，北部为 −30℃，极端最低气温为黑龙江最北部的漠河 (−52.3℃)。

(3) 松辽流域主要河流有额尔古纳河、黑龙江、松花江、辽河、乌苏里江、绥芬河、图们江、鸭绿江以及独流入海河流等。

(二) 经济社会情况

(1) 2016 年松辽流域常住人口为 1.21 亿人，占全国总人口的 8.6%。其中，城镇人口为 7355 万人，城镇化率为 60.81%。松辽流域 GDP 为 5.99 万亿元，其中，工业增加值为 2.13 万亿元，人均 GDP 为 4.96 万元。松辽流域耕地面积为 4.69 亿亩，主要分布在松嫩平原、三江平原地区、西辽河和辽河干流；总灌溉面积为 1.88 亿亩，其中，耕地灌溉面积为 1.79 亿亩；鱼塘补水面积 227 万亩。

(2) 松辽流域总人口从 2000 年的 1.18 亿人增至 2016 年的 1.21 亿人，城镇人口由 5568 万人增加至 7355 万人，城镇化率由 47.35% 提高至 60.81%；松辽流域 GDP 总体呈增长趋势，由 1.13 万亿元增至 5.99 万亿元；松辽流域灌溉面积总体呈增长趋势，灌溉面积由 0.94 亿亩增至 1.88 亿亩，累计增加 0.94 亿亩。

(三) 研究目标与任务

以习近平新时代中国特色社会主义思想为指导，全面贯彻党的十九大、十九届二中、三中、四中、五中全会及二十届三中全会精神，践行"节水优先、空间均衡、系统治理、两手发力"治水思路，强化顶层设计，坚持战略需求导向、问题导向和目标导向，提出新时代松辽流域水资源配置整体战略格局，全面提升哈长城市群、辽中南城市群、长吉图开发开放先导区等重点城市生活、工业用水和三江平原、松嫩平原、辽河平原农业、生态用水保障能力，不断满足人民群众对美好生活的向往和对优质水资源、健康水生态、宜居水环境等需求，为流域生态文明建设和高质量发展提供安全的水资源保障。

（1）总体思路：根据水资源水环境承载能力，按照"以水定城、以水定地、以水定人、以水定产"的要求，通过"把水资源作为最大的刚性约束"实现生态环境保护和经济社会高质量发展，倒逼经济结构转型升级，进一步优化调整流域国民经济空间发展布局，重组和优化战略性新兴产业特色集群，着力打造产业转型新引擎，建设以先进制造业为基础的新型工业基地，引领新时代特色产业调整和转型升级，将松辽流域按照"长白山、大小兴安岭和燕山"三大山脉控制的地形地貌空间格局，从高海拔水源涵养区到中低海拔按照流域依次划分为三个发展梯次——限制开发区或保护区、优化开发区、重点开发区，分析和提出松辽流域"三梯次"发展总体思路与布局。

（2）总体目标：积极践行"人与自然是生命共同体""绿水青山就是金山银山"和"尊重自然、顺应自然、保护自然"的理念，以建设幸福松辽为目标，到2050年全面建成"日常供水水源-应急水源-战略储备水源"三重安全保障的城乡一体化供水体系和"河（渠）湖（库）相连-井渠双灌"相结合的节水生态型现代化灌溉体系，及以国家级、省地市级湿地保护区为重点和集"生物多样性-水质净化-水景观打造-地下水回灌补源"于一体的河湖生态水系等三大体系为主体，形成"以哈长城市群、辽中南城市群、长吉图开发开放先导区、哈大齐工业走廊、沈阳经济区和辽宁沿海经济带等为经济中心，以松嫩平原、三江平原、辽河平原等为农业发展聚集区，以西辽河、嫩江和额尔古纳河等为畜牧业发展集聚区"等为重点，与城市（群）总规、战略性新兴产业规划、区域发展战略与中心城市（群）定位等相协调和相适应的"九横八纵"水资源配置总体格局，水资源供需矛盾得到彻底解决，流域层面大水网格局全面形成并发挥效益，全部实现"优水优用、高水高用""城乡供水一体化、农村供水城市化"和"应引尽引、应用尽用、应灌尽灌"，以及"河湖生态美丽、地下水动态全域恢复"等目标，为全流域迈入人水和谐的生态文明社会和实现"水清、泉涌、流畅、岸绿、景美"的幸福松辽提供强有力的水资源安全保障。

（3）主要任务：根据国家加快构建以国内大循环为主体、国内国际双循环相互促进的新发展格局的时代要求，遵循新时代治水思路，聚焦影响和制约新时代松辽流域水资源安全保障的重大问题，统筹水资源与经济发展和生产力布局呈逆向分布的特点，站在全流域乃至国家战略的高度，以实现幸福松辽、美丽幸福中国为目标，面对"百年未有之大变局"，如何发挥松辽流域得天独厚的水资源、光热资源和黑土地、矿产、森林、草原等资源优势和区位优势，如何强力保障国家"粮食安全、能源安全、产业安全和生态环境安全"等，事关国计民生和高质量发展的大事情，迫切需要根据新时代新理念、新格局和新要求，系统研究"水资源刚性约束指标体系与管控路径、生态保护与高质量发展协调关系及调控体系、水资源供给侧优化完善与实施策略、水资源多要素协调配置模型与多方案分析、水资源配置整体战略布局与多重保障措施"等，提出"新时代松辽流域水资源战略配置格局研究"系列成果，为松辽流域水资源战略配置格局调整和优化提供依据，以保障全流域生态保护和高质量发展，强力支撑幸福松辽、美丽幸福中国建设和国家如期实现第二个百年奋斗目标。

（4）研究范围及水平年：研究范围包括松辽流域全域，涉及黑龙江省、吉林省、辽宁省、内蒙古自治区和河北省（简称"四省一区"）。2016年为现状水平年，2035年为近期水平年，2050年为远期水平年。

二、水资源条件及开发利用现状

（一）水资源禀赋条件

（1）松辽流域多年平均降水量为509.8mm。其中，松花江区年均降水量为501.6mm，全国十个一级区排名倒数第三（黄河区第二、西北诸河区第一）；辽河年均降水量为533.9mm，全国十个一级区排名倒数第五。

（2）松辽流域水资源总量为1953.3亿m^3。其中，松花江区水资源总量为1469.9亿m^3，全国十个一级区排名第五（西北诸河区第六、淮河区第七、黄河区第八、辽河区第九、海河区第十）；辽河水资源总量为483.4亿m^3，全国十个一级区排名倒数第二。

（3）松辽流域水资源总量占全国水资源总量的7.1%；人均水资源量为1615m^3，比全国平均水平（2000m^3/人）偏低19.3%；亩均水资源量为416m^3，比全国（1529m^3/亩）偏低72.8%。

（4）松辽流域河流整体状况较好，2016年全年Ⅰ～Ⅲ类的比例为62.1%，Ⅳ～Ⅴ类河长占比为25.9%；劣Ⅴ类水河长占比12.1%，主要污染项目为总磷、氨氮、五日生化需氧量和高锰酸盐指数。

（5）松辽流域湖泊水质类别状况有所改善，但富营养化状况未改善。全年共评价13个湖泊中，水质Ⅰ～Ⅲ类的湖泊仅有2个，劣Ⅴ类湖泊9个，Ⅴ类的湖泊有2个。全年湖泊营养化评价11个，其中贫营养3个，中度富营养4个，中营养或轻度富营养4个。

（6）2016年松辽流域水库水质总体较好，Ⅰ～Ⅲ类水质水库占评价水库总数的37%，Ⅳ～Ⅴ类和劣Ⅴ类水质水库分别占评价水库总数的56%和7%。

（7）松辽流域共计1126眼地下水监测井。按水质类别统计，Ⅱ类水质的监测井10眼，占0.89%；Ⅲ类167眼，占14.83%；Ⅳ类453眼，占40.23%；Ⅴ类496眼，占44.05%。通过对627眼浅层地下水监测井水质分析，2000—2016年64%的监测井水质状况稳定，35%的监测井水质呈恶化趋势，1%的监测井呈好转趋势。呈恶化趋势的监测井主要分布在松嫩平原，主要是由硝酸盐、氯化物、硫酸盐等指标恶化造成的。

（8）松辽流域1980—2016年共41条河流出现过断流，断流河段总长度1858km。其中：常年断流河流有1条；经常断流河流有20条，占断流河流的48.8%；偶尔断流河流有20条，占断流河流的48.8%。

（9）现状松辽流域湖泊面积为6158km²，占全国湖泊总面积的7.8%。其中，松花江区湖泊面积为6113km²，辽河区湖泊面积为45km²。松辽流域已干涸的湖泊共计43个，其中松花江区20个，辽河区23个。

（10）现状松辽流域1km²以上的湿地面积共计4.2万km²，占全国湿地总面积的16.2%。主要分布在额尔古纳河、嫩江、辽河干流和西辽河。从1980—2000年至2001—2016年资料来看，松花江区湿地面积整体萎缩，共减少1152km²，减少率15.07%；辽河区湿地面积减少2036km²，减少率20.89%。

（11）松辽流域地下水超采区面积 1.03 万 km^2，占全国地下水超采区总面积的 5.4%。其中，松花江区超采区面积 951km^2，包括浅层地下水超采区 755km^2、深层承压水超采区 196km^2；辽河区超采区面积 0.93 万 km^2，包括浅层地下水超采区 0.62 万 km^2、深层承压水超采区 0.39 万 km^2 和重叠面积 793km^2。

受气候变化和人类活动等因素影响，松辽流域浅层地下水埋深呈年际波动性变化，总体稳定，但局部地区埋深增加趋势明显。松嫩平原大部分地区、辽河平原上游、西辽河平原下游局部地区呈上升趋势，三江平原东部部分地区、松嫩平原局部地区、辽河平原局部地区、西辽河平原大部分地区呈下降趋势。

（二）水资源开发利用现状

（1）松辽流域已建在建大型蓄水工程 103 座，总库容 940 亿 m^3。其中，松花江区已建在建大型蓄水工程 53 座，总库容 506 亿 m^3；辽河区已建在建大型蓄水工程 50 座，总库容 434 亿 m^3。引调水工程 30 处，其中跨一级区 3 处，跨二级区 3 处。地下水取水井 1400 万眼，其中规模以上机电井 68.26 万眼，主要分布在西辽河、嫩江、松花江。

（2）现状年（2016 年）松辽流域供水总量为 714.35 亿 m^3，占全国供水总量的 11.8%。其中，地表水供水量为 379.12 亿 m^3，占松辽流域供水总量的 53.1%；地下水供水量为 329.65 亿 m^3，占松辽流域供水总量的 46.1%；其他水源供水量为 5.58 亿 m^3，占松辽流域供水总量的 0.80%。

（3）2000—2016 年，松辽流域供水总量呈现持续增长态势。供水总量从 2000 年的 598.81 亿 m^3 增至 2016 年的 714.35 亿 m^3，累计新增 115.54 亿 m^3。其中，地表水供水量从 322.58 亿 m^3 增至 379.12 亿 m^3，累计新增 56.54 亿 m^3；地下水供水量从 275.67 亿 m^3 增至 329.65 亿 m^3，累计新增 53.98 亿 m^3。

（4）现状年（2016 年）松辽流域用水总量为 714.35 亿 m^3。其中，生活用水量为 60.2 亿 m^3，占松辽流域用水总量的 8.4%；工业用水量为 70.79 亿 m^3，占用水总量的 9.9%；农业用水量为 560.59 亿 m^3，占用水总量的 78.5%；生态用水量为 22.77 亿 m^3，占用水总量的 3.2%。

（5）2000—2016 年，松辽流域用水总量呈现持续增长态势，与供水总量变化趋势一致。全流域用水结构也发生明显变化。其中，生活用水占比从 2000 年的 7.7% 增加到 2016 年的 8.4%；工业用水占比从 18.8% 下降到 9.9%；农业用水占比从 72.4% 增加到 78.5%；生态环境用水占比从 0.2% 增加到 3.2%。

（6）现状年（2016 年）松辽流域人均综合用水量为 591m^3，比全国平均水平偏大 34.9%；万元 GDP 用水量为 119m^3，比全国偏大 46.9%；万元工业增加值用水量为 33m^3，比全国偏少 37.5%；亩均耕地灌溉用水量为 367m^3，比全国偏少 3.4%；人均城镇日综合生活用水量 181m^3，比全国偏少 17.7%；人均农村居民日生活用水量 67m^3，比全国偏少 22.1%。

（三）水资源开发利用程度及潜力

（1）从流域整体来看，松辽流域水资源尚有进一步开发利用的潜力。其中，地表水资源尚有较大规模开发利用的潜力，浅层地下水总体上已无进一步开发利用的潜力。尤其是额尔古纳河、黑龙江干流、绥芬河、图们江和鸭绿江水资源开发利用程度还很低，未来尚有进一步开发利用的潜力，但西辽河、浑太河、辽河干流、东辽河和松花江水资源已处于过量开发利用状态，未来已无进一步开发利用的潜力。

（2）根据"国际人口行动"提出的《可持续水——人口和可更新水的供给前景》报告采用的人均水资源评价标准"少于 $1700m^3$ 为用水紧张国家；少于 $1000m^3$ 为缺水国家；少于 $500m^3$ 为严重缺水国家"。松辽流域人均水资源量为 $1615m^3$，总体上属于用水紧张的流域。根据缺水类型的划分标准，松辽流域总体上属于工程型缺水，局部区域和次级流域兼有资源型或污染型缺失。因此，未来解决松辽流域的缺水问题，尤其是对于西辽河、东辽河、辽河干流、浑太河、乌苏里江、嫩江和松花江干流等，需要节水、治污和产业结构调整的基础上，进一步修建一批大型骨干水利工程，包括跨流域或区域引调水工程等综合措施加以解决。

（四）水资源开发利用面临的问题和挑战

松辽流域水利建设取得了显著成绩，当前存在的主要问题和挑战包括：①水资源时空分布不均衡，与经济社会发展不协调、不匹配问题依旧严峻；②水资源开发利用不平衡、不充分问题突出，水资源安全保障形势依然严峻，供水安全保障体系建设亟待加强；③大中型灌区存在设施老化失修、灌溉保障程度低和利用效率不高等问题，迫切需要加大国家对农业投入、对"北大仓"建设投入，加快实施蓄引提调水工程建设和生态型现代化灌区提升、续建配套和节水改造及井改渠等工程建设；④河湖水系连通性较差、连通能力较弱，无法实现河湖水系生态水量在时空上相互调剂和互为补充，现状水功能区水质状况亦不容乐观；污水处理及再生利用规模不足，水污染防治压力仍然较重，水环境状况亟待提高；⑤局部区域水土资源开发失衡、湖泊年际间变化剧烈、湿地萎缩、河道断流、地下水局部超采等日益凸显，水生态恶化局面虽已得到初步遏制但尚未得到根本性扭转，水生态治理和修复任务仍十分艰巨。考虑到未来气候变化的不确定性，更需警惕今后可能存在的水资源隐患。

三、水资源刚性约束指标体系与管控路径

（一）用水量管控指标内涵辨析

水资源对国民经济发展的重要性不言而喻，无论是立足于资源本身、还是管理者或用水户角度，均应重视水资源的可持续利用。由于我国水资源时空分布不均，且在水资源开发利用中存在诸多环节，立足资源、管理者、用水户视角下，"究竟能用多少?"问题一直未有明确定论。

用水总量控制红线是实现最严格水资源管理制度的抓手，可理解为政策性的用水总量控制指标，将其分解细化对强化水资源管理抓手具有重要促进作用。用水总量控制指标方案制订的工作重点是根据经济社会发展和生态环境保护的要求，按照实行最严格水资源管理制度对节约用水和保护水资源的要求，提出不同规划水平年供用水总量的控制目标，是阶段性管控任务，并非河流、流域或区域的水资源可利用的上限。例如，国家发展改革委、水利部、住房城乡建设部、工业和信息化部、农业农村部近日联合印发的《"十四五"节水型社会建设规划》，明确提出到 2025 年用水总量控制在 6400 亿 m^3 以内，这一指标具有阶段性管控意义。

水资源可利用总量控制指标是从资源利用角度，分析流域及河流水系可被河道外消耗利用的水资源量，对流域水系水资源开发利用程度的总体控制，水资源合理配置和水资源承载能力的研究具有实际意义，主要包括地表水可利用量和地下水可开采量（扣除与地表可利用量重复部分）。其中，地表水资源可利用总量指在可预见的时期内，统筹考虑生活、生产和生态环境用水，协调河道内与河道外用水的基础上，通过经济合理、技术可行的措施可供河道外一次性利用的最大水量（不包括回归水重复利用量）；地下水可开采量指在可预见的时期内，通过经济合理、技术可行的措施，在不引起生态环境恶化条件下允许从含水层中获取的最大水量。水资源可利用量理论上是指流域河道外"三生"用水消耗量的上限值。

（二）用水总量、耗水量管控指标

2035年用水总量管控指标按照"界河流域在用水量管控指标和水资源开利用分区管控指标中取大值、腹地流域两者之间取小值"的原则确定，考虑到2050年我国"全面建成富强民主文明和谐绿色的社会主义现代化国家"远景目标，2050年管控指标按照"界河和腹地流域在用水量管控指标和水资源开利用分区管控指标两者之间均取大值"确定。耗水量管控指标即为用水量及综合耗水系数预测得到。经分析，最终确定到2035年松辽流域用水总量、耗水总量管控指标分别为1018.04亿m^3和603.15亿m^3，到2050年松辽流域用水总量、耗水总量管控指标分别为1108.72亿m^3、731.69亿m^3。

（三）基本生态需水量管控基准

以重要河流断面已批复的河道下泄量和断面基本生态需水量为依据，确定生态需水管控基准，嫩江、松花江南源、松花江干流、西辽河、东辽河、辽河干流流域出口管控指标分别为143.73亿m^3、101.71亿m^3、491.81亿m^3、3.32亿m^3、4.08亿m^3、27.20亿m^3。

（四）水资源刚性管控思路及实现路径

围绕全面提升流域水资源刚性管控能力这一总体目标，结合水利发展的实际情况，进一步解构为四个次级目标：一是加强顶层设计，建立水资源刚性管控"制度束"体系；二是健全管控指标体系，强化总量强度双控管理抓手；三是依托国家水网建设，推进水资源集约节约利用有序实施；四是锚定生态流量保障目标，修复河湖生态环境健康。

针对水资源刚性管控中面临的"有多少""怎么管""谁来管"等问题，提出五条管控路径：一是明晰水资源承载能力上限，有"账"可查；二是实行总量和强度双约束机制，有"章"可循；三是加快推进实时用水动态监测体系，有"迹"可寻；四是确立水资源最大刚性约束制度，有"法"可依；五是强化保障最大刚性约束落地落实监管，有"目"皆视。

（五）松辽流域分区管控策略

与管控指标相协调的水利工程布局是实施水资源差异化管理顶层设计的重要思路。水资源刚性分区管控要依据水的涵养性、对经济发展的支撑性、生态要素的关键性、水资源储备的前瞻性、水资源调配的可行性科学划定，提出满足国家安全战略、区域协调发展战略和主体功能区战略的管控策略。松辽流域分区管控策略：一是充分挖潜本地地表水，建设北部界河及嫩江、松花江的地表水源工程，实施大幅增加地表水供给策略；持续挖潜实施额尔古纳河、松花江南源地表水挖潜策略，中幅度增加地表水供给；实施其他区域多水源联合调控。二是合理压采地下水，实施以北部界河及嫩江、松花江、辽河干流为压采对象的地下水开采管控；实施额尔古纳河和东南部河流的地下水压采，以地表水、外调水为

替代水源；对于本地地表水资源有限，但地下水超采严重的区域，主要依靠外调水工程；适当增加辽河界河的地下水供给。三是大力提升非常规水利用能力，重点在乌苏里江、黑龙江干流、嫩江、松花江布局。四是合理布局外调水工程，未来满足松辽流域用水需求，发展主要依靠外调水工程，完善松辽流域大水网格局。

四、生态保护与高质量发展用水需求分析

（一）生态保护目标及管控指标

（1）根据国家发展战略和美丽松辽建设目标，通过修建辽宁省重点引水工程、吉林省重点引水工程，黑龙江省重点引水工程等跨流域河湖生态水系连通工程和万里绿水长廊工程，以及"湖库-河渠-灌域"组成的"点-线-面"回灌补源工程等，全流域河湖水质状况及生物多样性得到全面改善和提升，重要河湖实现"有水的河湖"向"流动的河湖""生态的河湖"飞跃，最终实现"河湖生态美丽、地下水动态全域恢复"等目标，重现北大荒原生态美景。

（2）生态管控指标：根据水利部批复的 14 条河流水量分配方案，主要生态控制断面共 24 个，生态管控目标即保障最小生态环境用水需求，最小生态流量保证率原则上不小于 90%。

（二）高质量发展及产业分区

（1）到 2035 年松辽流域总人口为 1.23 亿人、城镇人口为 0.81 亿人、城镇化率为 66%；到 2050 年总人口为 1.24 亿人、城镇人口为 0.89 亿人、城镇化率为 72%。

（2）到 2035 年松辽流域 GDP 为 17.12 万亿元，2017—2035 年平均年增长率 5.4%；到 2050 年 GDP 为 22.19 万亿元，2036—2050 年平均年增长率 4.5%。

（3）到 2035 年松辽流域工业增加值为 4.62 万亿元，2017—2035 年平均年增长率 4.1%；到 2050 年工业增加值为 8.65 万亿元，2036—2050 年平均年增长率 4.1%。

（4）到 2035 年松辽流域总灌溉面积为 2.1 亿亩，到 2050 年总灌溉面积将达到 2.2 亿亩。

（三）需水量预测

（1）到 2035 年松辽流域城镇居民生活需水量为 39.69 亿 m^3，农村居民生活需水量为 12.10 亿 m^3；到 2050 年城镇居民生活需水量达到 46.67 亿 m^3，农村居民生活需水量达到 14.51 亿 m^3。

（2）到 2035 年松辽流域工业需水量为 112.00 亿 m^3；到 2050 年工业需水量为 166.05 亿 m^3。

（3）到 2035 年松辽流域农业需水量为 716.22 亿 m^3；到 2050 年农业需水量为 780.44 亿 m^3。

（4）到 2035 年松辽流域生态环境需水量为 41.75 亿 m^3，到 2050 年生态环境需水量为 78.13 亿 m^3；河道内生态环境需水量以已批复的水量分配方案为准。

（5）到 2035 年松辽流域需水总量为 942 亿 m^3，到 2050 年需水总量为 1141 亿 m^3。未来极端需水量约增加 30 亿 m^3。

五、水资源配置整体战略布局与多重保障措施

（一）整体战略布局

（1）到 2035 年基本形成"七横八纵"水资源配置总体格局，水资源供需矛盾得到彻

底解决，流域层面的大水网格局初具规模；到 2050 年最终形成"优水优用、高水高用"的"九横八纵"水资源配置总体格局，全部实现"城乡供水一体化、农村供水城市化""应引尽引、应用尽用、应灌尽灌"等目标。

（2）按照"优水优用、高水高用"和"城乡供水一体化、农村供水城市化"目标，全面建成集"日常供水水源-应急水源-战略储备水源"三重安全保障的城乡一体化供水体系，农村自来水普及率实现 99% 以上，大幅度提高城乡生活、生产和生态安全供水保障水平。

（3）根据松辽流域"积极引用界河水，科学拦蓄过境水，合理调配境内水，充分利用再生水，切实保护和压采地下水"的配置思路，按照"应引尽引、应用尽用、应灌尽灌"目标，全面建成主客水联调、多水源互补和"河（渠）湖（库）相连-井渠双灌"相结合的节水生态型现代化灌溉体系，再展黑土地黄金玉米带、东北绿色大米和漫山遍野大豆高粱等现代大农业风貌和祖国东北边陲"北大仓"那一望无际的鱼米之乡美景。

（4）全面建成全流域河湖生态水系及生态型景观连通工程、生态型"湖库-河渠-灌域"组成的"点-线-面"回灌补源工程等，最终形成集"水质净化-水景观打造-地下水回灌补源"于一体的河湖生态水系，确保"应引尽引、应用尽用、应灌尽灌"和"回补地下水累计亏空量"及引水河渠水流平稳顺畅，同时具备水质净化、水生态健康和水环境舒适宜居、水景观赏心悦目，以及地下水回灌补源和扩大渠灌面积等多种功效，重要河湖实现"有水的河湖""流动的河湖"到"清洁生态的河湖""美丽生态的河湖"飞跃，重现北大荒原生态美景。

（二）实施方案

（1）近期（2017—2035 年）实施的规划工程包括"城乡一体化供水体系、节水生态型现代化灌溉体系、河湖生态水系"三大体系四大类工程"城乡一体化供水体系类工程、节水生态型现代化灌溉体系类工程、河湖生态水系类工程和信息化类工程"80 余项。

（2）远期（2036—2050 年）实施的规划工程包括"城乡一体化供水体系、节水生态型现代化灌溉体系、河湖生态水系"三大体系四大类工程"城乡一体化供水体系类工程、节水生态型现代化灌溉体系类工程、河湖生态水系类工程和信息化类工程"20 余项。

（三）投资估算

松辽流域水资源配置规划工程包括"城乡一体化供水体系、节水生态型现代化灌溉体系、河湖生态水系"三大体系四大类工程"城乡一体化供水体系类工程、节水生态型现代化灌溉体系类工程、河湖生态水系类工程和信息化类工程"100 余项，估算规划工程累计静态总投资为 14150 亿元。其中，城乡一体化供水体系类工程累计静态投资为 7335 亿元，占累计静态总投资 52%；节水生态型现代化灌溉体系类工程累计静态投资为 900 亿元，占累计静态总投资 6%；河湖生态水系类工程累计静态投资为 3115 亿元，占累计静态总投资 22%；信息化类工程累计静态投资为 2800 亿元，占累计静态总投资 20%。

（四）多重保障措施

多重保障措施主要包括组织责任体系、法制和体制、资金投入、政策措施、科技和能力建设。

六、水资源供给侧优化完善与实施策略

（一）现有水资源配置格局及适应性分析

（1）松辽流域已建大型蓄水工程 103 座，总库容 940 亿 m^3。其中，松花江区已建大型蓄水工程 53 座，总库容 505 亿 m^3；辽河区已建大型蓄水工程 50 座，总库容 434 亿 m^3；已建大型引调水工程包括北部引嫩工程、中部引嫩工程、南部引嫩工程、磨盘山供水工程等 10 处，规划供水量 53 亿 m^3，现状实际供水量约为 34 亿 m^3。

（2）松辽流域在建及规划大型蓄水工程 19 座，总库容 130 亿 m^3。其中，松花江区在建及规划大型蓄水工程 11 座，总库容 99 亿 m^3；辽河区规划大型蓄水工程 8 座，总库容 31 亿 m^3；在建及规划引调水工程 10 处，设计年引水量 95 亿 m^3。其中在建引调水工程 5 处，设计年引水量 69 亿 m^3；规划引调水工程 6 处，设计年引水量 26 亿 m^3。

（3）根据新时代新发展理念和新发展格局，基于已有的水资源配置格局，辽宁省积极实施辽宁省重点引水工程；吉林省积极谋划吉林省重点引水工程，黑龙江省有序推进黑龙江省重点引水工程前期工作，内蒙古自治区争取"十四五"期间开工建设辽宁省重点引水工程内蒙古支线工程，积极推进引嫩济锡工程前期工作。

（二）水资源配置格局调整及实施策略

（1）与已有的规划工程对比，规划新增十六道岗水库、连环湖水库、张家堡水利枢纽及输水工程、龙头山水库、石湖水库、石门岭水库等 9 座大型水库，扩建增容老龙口水库；规划新增黑龙江省重点引水工程、吉林省重点引水工程、引嫩济锡工程、辽宁省重点引水工程内蒙古支线工程等。

（2）通过实施规划蓄水工程和引调水工程，到 2035 年松辽流域基本形成"七横八纵"水资源配置总体格局，到 2050 年全面形成"优水优用、高水高用"的"九横八纵"水资源配置总体格局。

（三）水资源可供水量分析

通过实施各类蓄水工程和引调水工程，到 2035 年松辽流域可新增供水量为 390.99 亿 m^3，到 2050 年新增供水量约为 169 亿 m^3。

七、水资源多要素协调配置模型与多方案分析

（一）系统概化与网络图

按照松辽流域水资源综合规划的要求，以水资源四级区套地市行政区确定水资源配置计算单元，共计 243 个；选择大型和重要的中型水利工程作为基本工程节点，共计 162 个；筛选确定的跨二级区调水工程 15 处，需要考虑和设置的其他控制性节点/断面 84 个。按照各计算单元、水利工程、调水工程之间的传输关系及水力联系，得到松辽流域水资源配置系统网络图。

（二）水资源配置模型

所构建的松辽流域水资源配置模型，实际是一个模型系统，由相关的功能模块组成。根据需要调用诸如地下水计算模块、动态需水计算模块、水库（群）优化调度模块、地表水与地下水联合高效利用模式及其调控计算模块等。

（三）水资源配置策略

（1）目前，松辽流域已建在建大型蓄水工程 103 座，总库容 940 亿 m^3，松花江 53

座，总库容 506 亿 m³，辽河区 50 座，总库容 434.55 亿 m³。其中，地表水开发率超过 40％的流域有：西辽河、东辽河、辽河干流和浑太河，低于 10％的流域有：松花江界河。未来重点发掘这些低开发率的流域的地表水供水潜力。

（2）优先关停深层地下水开采机井，逐步压减浅层地下水开采规模，并通过优质水置换等方式，将现有地下水水源逐渐转为城乡应急水源或战略储备水源，积极创造条件扩大渠灌面积和压减井灌面积，通过河湖水系实施地下水回灌补源，有效缓解地下水过量开采带来的诸多问题。未来在有条件城乡地下水供水水源将逐步转为城乡应急水源或战略储备水源，由过去主力水源逐步转为辅助性水源，尽快恢复地下水资源战略储备功能。

（3）按照"调得进、容得下、配得优、用得好"的要求，大力推进大流域重点引调水工程及输配水管网与配套灌区建设，确保全流域城乡饮用水安全和国家粮食安全，并积极争取调水工程多余水量对流域内河湖水系生态补水的政策，不断改善和提升河湖水系水生态、水环境和水景观状况，为地下水回灌补源积极创造条件。

（4）预计到 2035 年和 2050 年松辽流域工业用水重复利用率分别控制在 95％和 97％以上，再生水利用率分别控制在 55％和 60％以上，到 2050 年全流域每年再生水可供水量可达 110 亿 m³ 以上，主要范围集中在一些工业企业、河湖补水、绿化和环卫用水等。

（四）基准年水资源供需平衡分析

（1）基准年松辽流域需水总量为 758.63 亿 m³，供水总量为 662.84 亿 m³，包括地表水、地下水、再生水、外调水供水量分别为 368.76 亿 m³、275.09 亿 m³、5.58 亿 m³、13.41 亿 m³，缺水量为 95.80 亿 m³，缺水率为 12.68％。其中，松花江区缺水量 56.28 亿 m³，缺水率为 10.20％；辽河区缺水量 39.51 亿 m³，缺水率为 19.36％。由此可见，当前松辽流域水资源安全供给形势是极其严峻的，是以大量开采地下水和牺牲生态环境为代价的。因此，目前这种发展模式是不健康和不可持续的。

（2）基准年松辽流域农业耗水量占经济社会耗水总量的 86.3％，工业、生活和生态环境耗水量分别占 4.5％、6.6％和 2.6％，农业耗水比重最大。其中，辽河界河工业耗水占比最大，达到 15.0％；松花江界河部分区域（黑龙江干流、乌苏里江）以及松花江，农业为当地用水大户，耗水比重高达 90％以上。

（五）规划水平年水资源供需平衡分析

到 2035 年，松辽流域多年平均需水总量为 941.97 亿 m³，多年平均供水总量为 915.74 亿 m³，缺水率为 2.78％；到 2050 年多年平均需水总量为 1140.59 亿 m³，多年平均供水总量为 1134.46 亿 m³，缺水率为 0.54％。该方案对应经济社会适度增长和强化节水，有利于实现人水和谐的生态文明建设目标，通过强化节水、加大再生水利用和实行外调水与当地水统一优化配置，整体供需水结构趋于合理，水资源供需矛盾得到全面解决。

（六）特枯及连续特枯年份应急对策

在保证满足重点行业用水要求的基础上，非常规地压缩一般行业的用水需求；充分挖掘区域内外供水潜力，启动应急或战略储备水源；大力推进区域之间水资源统一调控和多水源应急调度；加快规划工程实施进度，科学论证应急水源和战略储备水源建设。

第二节 几 点 建 议

一、关于面对全球气候变化的建议

（1）鉴于松辽流域水资源总量为 1953.3 亿 m^3，且以界河型为主，多年平均流入界河水量 1218.7 亿 m^3，尤其是随着全球气候变化、都市区热岛效应和人类活动加剧等影响，松辽流域水资源总体上呈现"丰者更丰，歉者更歉"的特点，考虑到松辽流域历史欠账多，未来蓄引提工程建设任务重，需要国家加大对松辽流域财政扶持力度，进一步加大对全流域城乡一体化供水体系、节水生态型现代化灌溉体系及河湖生态水系等三大体系建设投资强度，加快建设形成"九横八纵"水资源配置总体格局和大水网格局，以确保国家"粮食安全、能源安全、产业安全和生态环境安全"等，强力支撑人水和谐的生态文明建设及幸福松辽建设和如期实现国家第二个百年奋斗目标。

（2）鉴于全球气候变化和都市区热岛效应等影响，需要系统研究和探讨未来气候变化对松辽流域水资源-水生态-水环境演变规律及经济社会高质量发展的影响，尤其是对农牧业发展的有利和不利影响，未雨绸缪，及早采取有效对策。

二、关于面对生态安全与粮食安全的建议

（1）鉴于松辽流域未来要打造成保障国家粮食安全的"压舱石"，为提高国家粮食安全保障水平做出应有贡献，到 2050 年全流域要累计新增灌溉面积 5800 万亩以上，迫切需要国家加大对流域农业和对"北大仓"国家粮食基地和畜牧业基地建设投入，加快实施蓄引提调水工程建设和生态型现代化灌区提升、续建配套和节水改造及井改渠等工程建设，以确保国家粮食安全和缓解地下水超采状况，促进和支撑全流域生态保护和高质量发展。

（2）鉴于松辽流域丰富的土地资源、森林资源、草原资源和湖泊、沼泽湿地资源等，如何研究和科学界定土地资源开发与生态保护之间协调关系，一直是困扰流域"人工湿地（水田）开发"与"湿地、森林、草原保护"之间协调发展、解决"粮食安全"与"生态安全"之间竞争性矛盾的关键。建议加快启动和及早开展"生态保护目标与高质量发展规模之间协调关系及量化控制指标"研究，为确保国家粮食安全和生态安全双赢提供依据。

三、关于实现"高水高用、优水优用"及"双碳"目标的建议

鉴于国家所实施的"到 2035 年实现碳达峰，到 2060 年实现碳中和"战略，是否需要及时调整和优化松辽流域水资源配置格局，将以往关注"缺水、工程规模或投资"目标为主，以实现"水量配置与工程配置"耦合最优扩展为关注"缺水、能耗、工程规模或投资"目标为主，将能耗最小作为重要目标，以实现"水量配置、工程配置和能量配置"耦合最优。由此，建议进一步研究和探讨基于缺水量最小、能耗最小和工程规模最小为目标的水资源配置空间布局，并以此进一步完善和优化流域层面、省市层面大水网布局，以确保未来松辽流域水资源配置格局不仅水量、工程配置最佳而且是最节能的。基于这种配置理念，流域内引绰济辽工程与引嫩入白、吉林省重点引水工程与吉林中部引松供水工程、引松入长工程受水区及供水对象等是否存在进一步优化或调整的空间和可能，以最终实现全流域"高水高用、优水优用"及"双碳"目标。

四、关于松辽流域大水网的建议

习近平总书记2021年5月在主持召开推进南水北调后续工程高质量发展座谈会时强调，要加快构建国家水网，加快构建国家水网主骨架和大动脉，为全面建设社会主义现代化国家提供有力的水安全保障①。实施国家水网重大工程，是"十四五"规划明确的重大任务。针对新时代新发展格局下松辽流域面临的水资源、水生态、水环境、水灾害问题，迫切需要尽早启动和开展"松辽流域大水网总体布局与实现路径研究"。针对松辽流域各次级流域和省市行政区水资源丰枯分布特点及生态保护和高质量发展需求，按照国家绿色发展和低碳发展及"双碳"目标，研究和提出松辽流域大水网定义、内涵和功能定位、总体框架，研究和探讨面向"缺水量、能耗和工程规模"等多目标的国家/流域骨干网与省市县水网拓扑关系及水势走向，通过优化和调整蓄引提调水工程布局及河道整治、堤防提升和万里绿水长廊生态修复等，进一步完善基于地球重力势能驱动为主的集"流域骨干水网-区域水网-城乡一体供水体系＋现代化灌溉体系＋河湖生态水系"于一体的水网空间布局及实现路径等，为下一步启动和开展"松辽流域大水网规划"编制奠定坚实的基础和提供技术支撑。

五、关于重大战略性和公益性水利工程前期论证的建议

鉴于松辽流域水资源整体比较丰沛，但水资源空间变异较大，总体上呈现"北丰南欠，东多西少"和"边缘多，腹地少"和"丰者更丰，欠者更欠"的时空分布态势，加剧了水资源供需矛盾，增大了未来水资源开发利用难度和空间均衡的艰巨性、复杂性及投资成本。按照以往惯例，这类涉及国家粮食安全和生态安全的重大引调水工程虽然属于重大民生工程，其受水区城乡饮用水安全、粮食安全和生态安全用水需求十分紧迫而强劲，但其工业用水需求不强，工程的公益性和战略性强，其前期论证和技术审查所遇到的市场经济理念及惯性思维阻碍压力很大，技术经济可行性分析难度突出。为此，建议针对该类公益性突出的工程类别开展专项研究，探讨破解这类具有重大国家战略的引调水工程所适应或特殊定制的前期论证制度及相关技术经济扶持政策等。

六、关于松花江航运用水目标退出机制的建议

鉴于目前水资源多要素配置中河道内与河道外、生态保护与国民经济发展、河道外供水与发电、航运、水环境及水景观之间的竞争性用水矛盾，建议开展"新时代新发展格局新发展理念下的航运用水目标退出机制及补偿政策"研究，以支撑航运用水需求尽快退出和释放给其他优势行业快速发展。

七、关于水资源/生态补偿制度安排的建议

（1）按照松辽流域"三梯次"发展总体思路与布局，位于第一梯次"限制开发区或保护区"的发展受到很大约束和严格限制，造成该区失去很多发展机遇，发展机会成本增加很大。为此，建议开展针对第一梯次"限制开发区或保护区"发展的优惠税收政策和补偿制度安排等方面的研究，从制度和政策设计方面确保第一梯次"限制开发区或保护区"生态保护和高质量发展的双赢局面。

---

① 习近平主持召开推进南水北调后续工程高质量发展座谈会并发表重要讲话. 中国政府网，2021-05-14.

（2）松辽流域水资源/生态补偿机制研究，针对松辽流域陆续建成诸如引碧入连工程、引松入长工程和吉林中部引松供水工程、引绰济辽工程等多处跨流域/行政区引调水工程，为确保这些重要引调水工程平稳安全运行，实现流域上下游、调出区与调入区协调可持续发展，迫切需要建立流域水资源/生态补偿机制，包括补偿内涵、补偿依据、补偿主客体、补偿标准及核算方法和保障制度等。

八、关于流域水量分配方案适时调整的建议

随着新时代新发展理念和新发展格局对松辽流域区域发展新战略部署，全流域生态保护和高质量发展格局、产业结构等将发生根本性变化。从水资源配置结果看，到 2035 年全流域供水总量将达到 916 亿 m^3，到 2050 年将达到 1134 亿 m^3。按照已批复的嫩江等流域水量分配方案确定的地表水允许损耗量，折算到全流域允许损耗量仅为 405 亿 m^3，相当于平均耗损率仅为 0.44，明显偏低。这与工业用水内循环技术提升衍生出耗水率增加趋势相悖，这就要求未来流域水量分配方案及允许损耗量等，应根据发展模式改变和产业结构调整及节水技术更新换代和节水深度提升，定期做出适应性调整，以利于科学指导流域最严格的水资源管理工作。

九、关于界河水资源开发利用的建议

鉴于界河水资源丰沛、水质好和开发利用程度低，以及腹地水资源短缺加剧等特点，根据新时代新发展格局及新发展理念下各流域发展布局及其新增用水需求情况，迫切需要研究界河流域水循环演变趋势及可调水量研究，系统分析和梳理国内外成功调水案例，全面了解和掌握涉及跨界河流国际公约和国际法等，为未来实施界河调水工程前期论证等做足前期准备和知识积累。

十、关于松辽流域水利发展的建议

（1）鉴于松辽流域未来水利事业艰巨而光荣，人才队伍建设很重要，迫切需要培养和造就一大批高素质科技人才、管理人才和技术人才队伍；迫切需要制定完善一套完整的激励政策和体制机制，并注重文化建设与传承，强化培育和传承"赶、学、超、帮、带"的优良传统，弘扬民主、自由和开放、包容的学术氛围，使"忠诚、干净、担当、科学、求实、创新"新时代水利精神发扬光大。

（2）鉴于松辽流域在国家发展战略中定位和优越的禀赋条件，以及复杂的水多、水少、水脏、水浑等问题困扰，如何将得天独厚的"优质水资源、健康水生态和宜居水环境、先进水文化、高效水经济"建设好、修复好、维系好和发展好、传承好、发扬好，更好地助推松辽流域率先实现人水和谐的生态文明和幸福松辽建设目标，将是未来大的科学命题和水利发展重要方向。

（3）鉴于历经几代人的不懈努力和拼搏，松辽流域已经得到巨大发展和取得了举世瞩目的成就，但发展中问题依然严峻、难题依然很多，前期规划和工程前期论证任务依然繁重，建议松辽委充分发挥其组织协调和凝聚引领优势，积极谋划和组织有关部门及专业团队，主动争取国家、部委重大专项、研发计划等申报和实施工作，夯实和弘扬松辽流域水利发展科技引领作用，确保松辽水利在新时代新发展理念和新发展格局中的保障和支撑作用，在确保国家"粮食安全、能源安全、产业安全和生态环境安全"等提供强有力的支撑。

参　考　文　献

陈刚，张兴奇，李满春，2008. MIKE BASIN 支持下的流域水文建模与水资源管理分析——以西藏达孜县为例 [J]. 地球信息科学学报，2（10）：230-236.

陈家琦，王浩，1996. 水资源学概论 [M]. 北京：中国水利水电出版社：1-339.

陈晓宏，陈永勤，赖国友，2002. 东江流域水资源优化配置研究 [J]. 自然资源学报，17（3）：366-372.

陈志恺，2007. 水资源卷：东北地区水资源供需发展趋势与合理配置研究 [M]. 北京：科学出版社：1-236.

冯耀龙，韩文秀，等，2003. 面向可持续发展的区域水资源优化配置研究 [J]. 系统工程理论与实践，23（2）：133-138.

郭旭宁，何君，张海滨，等，2019. 关于构建国家水网体系的若干考虑 [J]. 中国水利，（15）：1-4.

何中政，周建中，贾本军，等，2020. 基于梯度分析法的长江上游水库群供水-发电-环境互馈关系解析 [J]. 水科学进展，31（4）：601-610.

贺北方，周丽，马细霞，等，2002. 基于遗传算法的区域水资源优化配置模型 [J]. 水电能源科学，20（3）：10-12.

贾绍凤，梁媛，2020. 新形势下黄河流域水资源配置战略调整研究 [J]. 资源科学，42（1）：29-36.

金菊良，郦建强，吴成国，等，2019. 水资源空间均衡研究进展 [J]. 华北水利水电大学学报（自然科学版），40（6）：47-60.

李令跃，甘泓，2000. 试论水资源合理配置和承载能力概念与可持续发展之间的关系 [J]. 水科学进展（3）：307-313.

李原园，李云玲，2020. 新时期江河流域水量分配思路与技术路径探讨 [J]. 中国水利（7）：17-19.

李原园，李云玲，何君，2021. 新发展阶段中国水资源安全保障战略对策 [J]. 水利学报，52（11）：1340-1346，1354.

李原园，廖文根，赵钟楠，等，2019. 新时期河湖生态流量确定与保障工作的若干思考 [J]. 中国水利（17）：13-16.

李忠福，孙忠，李恒山，等，2003. 从运筹学角度思考水资源优化配置 [J]. 东北水利水电，21（2）：4-5，18.

郦建强，杨益，何君，等，2020. 科学调水的内涵及实现途径初探 [J]. 水利规划与设计，（5）：1-4.

刘文强，孙永广，顾树华，等，2002. 水资源分配冲突的博弈分析 [J]. 系统工程理论与实践（1）：16-25.

潘家铮，2007. 东北地区有关水土资源配置、生态与环境保护和可持续发展的若干战略问题研究：重大工程卷 [M]. 北京：科学出版社：1-185.

裴源生，赵勇，陆垂裕，等，2006. 经济生态系统广义水资源合理配置 [M]. 郑州：黄河水利出版社：1-150.

彭文启，2018. 河湖健康评估指标、标准与方法研究 [J]. 中国水利水电科学研究院学报，16（5）：394-404.

彭一然，2016. 中国生态文明建设评价指标体系构建与发展策略研究 [D]. 北京：对外经济贸易大学：32-170.

钱正英，2007. 东北地区水土资源配置，生态环境建设和可持续发展战略研究：综合卷 [M]. 北京：科学出版社：1-108.

阮本清，魏传江，2004. 首都圈水资源安全保障体系建设 [M]. 北京：科学出版社：24-122.

桑学锋，王浩，王建华，等，2018. 水资源综合模拟与调配模型 WAS（I）：模型原理与构建 [J]. 水利学报，49（12）：1451-1459.

申贵仓，王晓，胡秋红，2016. 承载力先导的"多规合一"指标体系思路探索 [J]. 环境保护（15）：59-64.

王浩，陈敏建，秦大庸，等，2003. 西北地区水资源合理配置和承载能力研究 [M]. 郑州：黄河水利出版社：12 - 98.

王浩，党连文，汪林，等，2006. 关于我国水权制度建设若干问题的思考 [J]. 中国水利 (1)：28 - 30.

王浩，党连文，谢新民，等，2008. 流域初始水权分配理论与实践 [M]. 北京：中国水利水电出版社：54 - 120.

王浩，秦大庸，王建华，2002. 流域水资源规划的系统观与方法论 [J]. 水利学报 (8)：1 - 6.

王浩，秦大庸，王建华，等，2003. 黄淮海流域水资源合理配置 [M]. 北京：科学出版社：66 - 138.

王浩，宿政，谢新民，等，2010. 流域生态调度理论与实践 [M]. 北京：中国水利水电出版社：53 - 116.

王浩，王建华，胡鹏，2021. 水资源保护的新内涵："量-质-域-流-生"协同保护和修复 [J]. 水资源保护，37 (2)：1 - 9.

王浩，游进军，2016. 中国水资源配置30年 [J]. 水利学报，47 (3)：265 - 271，282.

王建华，胡鹏，2022. 立足系统观念的河湖生态环境复苏认知与实践框架 [J]. 中国水利 (7)：36 - 39，56.

王劲峰，刘昌明，于静洁，等，2001. 区际调水时空优化配置理论模型探讨 [J]. 水利学报 (4)：7 - 14.

王增发，黄强，田嘉宁，2000. 江河水资源分配模型 [J]. 水利水电技术 (9)：12 - 14.

王忠静，翁文斌，马宏志，1998. 干旱内陆区水资源可持续利用规划方法研究 [J]. 清华大学学报（自然科学版）(1)：35 - 38，60.

魏传江，2006. 水资源配置中的生态耗水系统分析 [J]. 中国水利水电科学研究院学报，4 (4)：282 - 286.

魏传江，2007. 利用水资源配置系统确定供水工程的建设规模 [J]. 中国水利水电科学研究院学报，5 (1)：54 - 58.

魏传江，王浩，2007. 区域水资源配置系统网络图 [J]. 水利学报 (9)：1103 - 1108.

魏传江，王浩，谢新民，等，2009. GAMS用户指南 [M]. 北京：中国水利水电出版社：1 - 218.

习近平，2019. 在黄河流域生态保护和高质量发展座谈会上的讲话 [J]. 求是 (20)：1 - 3.

谢新民，柴福鑫，等，2007. 海口市水系综合规划 [J]. 水利水电科技进展，27 (S2)：42 - 45.

谢新民，符传君，王彤，等，2007. 水系规划理论与实践 [M]. 北京：中国水利水电出版社：25 - 99.

谢新民，苟新诗，杨丽丽，2010. 城市水资源配置工程网规划理论与实践 [M]. 北京：中国水利水电出版社：70 - 188.

谢新民，李丽琴，周翔南，等，2019. 基于地下水"双控"的水资源配置模型与实例应用 [J]. 水资源保护 (5)：6 - 12.

谢新民，秦大庸，于福亮，2000. 宁夏水资源优化配置模型与方案分析 [J]. 中国水利水电科学研究院学报，4 (1)：16 - 26.

谢新民，王教河，王志璋，等，2006. 松辽流域初始水权分配政府预留水量研究 [J]. 中国水利 (1)：31 - 33.

谢新民，张海庆，等，2003. 水资源评价及可持续利用规划理论与实践 [M]. 郑州：黄河水利出版社：81 - 86.

谢新民，赵文骏，裴源生，等，2002. 宁夏水资源优化配置与可持续利用战略研究 [M]. 郑州：黄河水利出版社：33 - 163.

谢新民，周之豪，1994. 地下水资源系统模糊管理模型及计算方法 [J]. 水文地质工程地质，21 (6)：27 - 32.

徐晶，林建，姚学祥，等，2001. 七大江河流域面雨量计算方法及应用 [J]. 气象，27 (11)：13 - 16.

许新宜，王浩，甘泓，等，1997. 华北地区宏观经济水资源规划理论与方法 [M]. 郑州：黄河水利出版社：33 - 141.

严登华，秦天玲，肖伟华，等，2012. 基于低碳发展模式的水资源合理配置模型研究 [J]. 水利学报，43 (5)：586 - 593.

颜真梅，母国宏，2017. 基于泰森多边形法的流域面平均雨量计算［J］. 水利科技与经济，23（1）：19－22.

杨明智，许继军，桑连海，等，2022. 基于水循环的分布式水资源调配模型开发与应用［J］. 水利学报（4）：456－470.

杨晴，赵伟，张建永，等，2017. 水生态空间管控指标体系构建［J］. 中国水利（9）：1－5.

杨小柳，刘戈力，甘泓，等，2003. 新疆经济发展与水资源合理配置及承载能力研究［M］. 郑州：黄河水利出版社：23－155.

叶勇，谢新民，柴福鑫，等，2010. 城市地下水应急供水水源地研究［J］. 水电能源科学（1）：47－49.

尹明万，谢新民，王浩，等，2003. 安阳市水资源配置系统方案研究［J］. 中国水利（14）：1146.

尹明万，谢新民，王浩，等，2004. 基于生活、生产和生态环境用水的水资源配置模型［J］. 水利水电科技进展，24（2）：5－8.

游进军，王浩，牛存稳，等，2016. 多维调控模式下的水资源高效利用概念解析［J］. 华北水利水电大学学报：自然科学版，37（6）：6.

于海燕，2019. 重标极差分析法的研究［J］. 数学学习与研究：教研版（4）：117－117.

张会言，王煜，张新海，等，2002. 西北地区水资源供需分析和配置方案［J］. 人民黄河（6）：17－19.

张守平，魏传江，王浩，等，2014. 流域/区域水量水质联合配置研究Ⅰ：理论方法［J］. 水利学报，45（7）：757－766.

张旺，庞靖鹏，2013. 我国水利现代化进程初步评估（下）［J］. 水利发展研究，13（6）：12－14.

赵建世，王忠静，翁文斌，2002. 水资源复杂适应配置系统的理论与模型［J］. 地理学报（6）：639－647.

赵钟楠，姜大川，李原园，等，2020. 流域层面水利高质量发展的战略思路［J］. 水利规划与设计（10）：18－21.

赵钟楠，姜大川，李原园，等，2021. 基于水利视角的高质量发展内涵及在流域层面的战略对策研究［J］. 中国水利（11）：52－54.

赵钟楠，田英，李原园，等，2020. 总体国家安全观视角下水资源安全保障策略与关键问题思考［J］. 中国水利（9）：11－13.

左其亭，陈曦，2003. 面向可持续发展的水资源规划与管理［M］. 北京：中国水利水电出版社：43－109.

Aditi Mukherji，2022. Climate change：put water at the heart of solutions［J］. Nature，605：195.

Brown T C，Diaz G E，Sveinsson O，2002. Planning water allocation in river basins，aquarius：a system′s approach［C］. Proceedings of 2nd Federal Interagency Hydrologic Modeling Conference，Advisory Committee on Water Information.

Chang F J，Chang Y T，2006. Adaptive neuro－fuzzy inference system for prediction of water land in reservoir［J］. Advances in Water Resources，29（1）：1－10.

Chang Y T，Chang L C，Chang F J，2005. Intelligent control for modeling of real－time reservoir operation－PartⅡ：ANN with operating rule curves［J］. Hydro Process（19）：1431－1444.

Chowdary V M，Rao N H，Sarma P，2005. Decision support framework for assessment of non－point－source pollution of groundwater in large irrigation projects［J］. Agricultural Water Management，75（3）：194－225.

Daene C. McKinney，Cai X M，2002. Linking GIS and water resources management models：an object－oriented method［J］. Environmental Modelling and Software，17（5）：413－425.

Jamieson D G，Fedra K，1996. The 'WaterWare' decision－support system for river－basin planning. 1. Conceptual design［J］. Journal of Hydrology，177（3－4）：163－175.

Labadie J W，2004. Optimal Operation of Multireservoir systems：state－of－the－art review［J］. Journal of Water Resources Planning and Management，130（2）：93－111.

Lennard A T，Macdonald N，Clark S，et al，2016. The application of a drought reconstruction in water resource management [J]. Hydrology Research, 47 (3): 646 – 659.

Levy J K, Gopalakrishnan C, Lin Z, 2005. Advances in decision support systems for flood disaster management: challenges and opportunities [J]. International Journal of Water Resources Development, 21 (4): 593 – 612.

Rahman J M, Cuddy S M, Watson F G R, 2004. Tarsier and ICMS: two approaches to framework development [J]. Mathematics and Computers in Simulation, 64 (3): 339 – 350.

Wen L, Macdonald R, Morrison T, et al, 2013. From hydrodynamic to hydrological modelling: Investigating long – term hydrological regimes of key wetlands in the Macquarie Marshes, a semi – arid lowland floodplain in Australia [J]. Journal of Hydrology, 500 (Complete): 45 – 61.

Zerihun D, Sanchez C A, Furman A, et al, 2005. Coupled surface – subsurface solute transport model for irrigation borders and basins. II. Model Evaluation [J]. Journal of Irrigation and Drainage Engineering, 131 (5): 407 – 419.

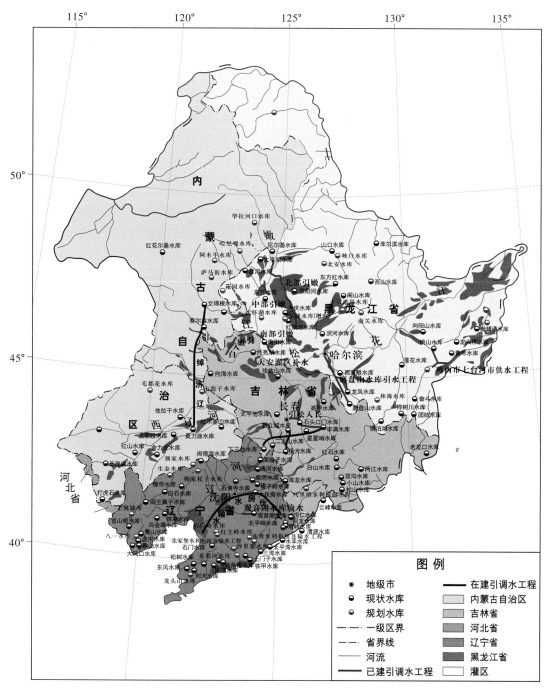

附图 2　水资源配置工程布局图